ECOLOGICAL ENVIRONMENT

生态环境产教融合系列教材

环境监测案例库

主 编 肖 萍

副主编 王 捷 孙启耀

编 委 丁世敏 万邦江 余友清

U0259000

中国科学技术大学出版社

内 容 简 介

　　环境监测是环境科学研究、环境工程设计、环境保护管理和政府决策等不可缺少的重要手段。环境监测的目的是准确、及时、全面地反映环境质量现状和发展趋势，为环境管理、环境规划、环境影响评价以及污染控制与治理等提供科学的依据。

　　本书针对高等教育的特点和培养目标，根据环境监测相关标准、技术规范和环境监测工作的职业技能要求，以各环境要素监测案例为载体，理论与实际相结合，全方位地介绍了环境监测的过程和内容。

图书在版编目(CIP)数据

环境监测案例库/肖萍主编. —合肥:中国科学技术大学出版社,2024.1
ISBN 978-7-312-05839-4

Ⅰ.环… Ⅱ.肖… Ⅲ.环境监测—案例—高等学校—教材 Ⅳ. X83

中国国家版本馆 CIP 数据核字(2023)第 229008 号

环境监测案例库
HUANJING JIANCE ANLI KU

出版	中国科学技术大学出版社
	安徽省合肥市金寨路 96 号,230026
	http://press.ustc.edu.cn
	https://zgkxjsdxcbs.tmall.com
印刷	安徽省瑞隆印务有限公司
发行	中国科学技术大学出版社
开本	787 mm×1092 mm　1/16
印张	9.25
字数	235 千
版次	2024 年 1 月第 1 版
印次	2024 年 1 月第 1 次印刷
定价	38.00 元

前　　言

人类社会的发展历程与自然环境的变迁紧密相连,从原始的狩猎采集,到农业革命,再到工业革命,每一次重大的社会进步都伴随着对自然环境的深刻影响。如今,我们身处一个科技进步、经济腾飞的时代,与此同时,解决生态环境问题也成为全球共同面临的挑战,加强环境保护和可持续发展已成为社会的共识。在这样的背景下,生态环境产教融合系列教材应运而生,这套教材不仅是对环境保护领域知识的一次全面梳理,更是对产教融合教育模式的一种实践与探索,让知识更好地服务于环保产业的创新与发展。

环境监测通过对影响环境质量因素的代表值的测定,确定环境质量或污染程度及其变化趋势。其既有单一污染物的分析,又有多种污染物相互影响的分析。环境监测是环境保护工作的基础,是贯彻执行环境保护法规的依据,是污染治理、环境科研、环境规划、环境管理不可缺少的重要手段,也是环境质量评价以及厂矿企业全面质量管理的重要组成部分。环境监测的目的是准确、及时、全面地反映环境质量现状及发展趋势,为环境管理、污染源的控制、环境规划等提供科学依据。

近年来,由于社会经济和科学技术的飞速发展以及我国环保力度的加强,环境监测的技术方法、监测形式进一步增加和完善,环境监测的法律法规也不断更新。而且随着互联网的发展,环境监测信息快速传播。在这样的新形势下,对教学工作提出了新的要求和挑战。

为了更好适应新时期高等教育的新要求,针对高等教育的特点和人才培养目标,编者以环境监测案例为载体,根据国家环境监测相关标准、技术规范要求以及环境监测工作的职业技能要求编写了本书。

本书首先介绍了 10 个环境监测案例,涵盖水、气、声、渣各个要素,分别为湖泊水环境质量监测、污水厂竣工环境保护验收监测、城区空气质量监测、锅炉监测、室内空气污染物监测、生活垃圾填埋场服务期环境质量监测、垃圾填埋场生活垃圾监测、种植基地土壤环境质量监测、煤化工厂噪声监测和城市轨道交通噪声监测;然后给出了环境监测方案的实操练习,包含生态环境监测方案和 2020 年重庆市水环境质量监测方案(部分)。由于环境监测数据具有强烈的时效性,本书案例的背景资料中未给出具体数值,所涉及的监测数据为虚拟数据,仅为读者展示环境监测技术的原理和方法。

肖萍编写了本书案例 1~4、8 和 9,并负责统稿和润饰;王捷编写了案例 5;孙启耀编写了案例 6;余友清编写了案例 7;万邦江和丁世敏编写了案例 10。长江师范学院封享华教授、赵小辉副教授对本书进行了认真审阅。中国科学技术大学出版社的编辑们为本书的出版付出了辛勤的劳动,在此一并表示衷心的感谢。

由于编者水平有限,书中难免存在错误,敬请读者批评指正。

编　者

2023 年 9 月

目　　录

案例1 湖泊水环境质量监测

  ×湖位于我国×省西部×江南岸,是一个淡水湖。该湖在水源涵养、洪水调蓄、生物多样性保育等方面具有巨大的生态服务价值。长期以来,受人类活动干扰、气候变化等多方面因素影响,该湖生态环境持续恶化,已严重影响湖泊生态服务功能的发挥和区域的可持续性发展。201×年,国务院对《×湖生态经济区规划》的批复意见指出:"要立足保障生态安全、水安全、国家粮食安全""努力把×湖生态经济区建设成为更加秀美富饶的经济区"。201×年,国家发展改革委等部委联合印发的《×湖水环境综合治理规划》要求"到202×年,×湖区生态环境根本好转,规划区水生态环境质量全部达标,建设美丽×湖目标基本实现。"×省委、省政府为守护好×湖,实施了以《×湖生态环境专项整治五年行动计划(201×—202×年)》(以下将该行动简称为"专项行动")为代表的一系列环境整治行动。

  为科学评估以"专项行动"为代表的一系列行动对湖水环境综合治理的成效,特对×湖水质进行监测,以确保人民群众饮水安全,加强饮用水水源地保护,切实保障用水安全。

【监测目的】

  (1)通过对×湖的地表水质监测,了解其水环境现状,确保饮水安全,加强饮用水水源地保护。

  (2)根据监测数据评估环境整治成效。

【背景资料】

1.地质与地貌

  ×湖位于我国×省西部×江南岸;湖面海拔平均为33.5 m,其中西部湖面海拔为35～36 m,南部湖面海拔为31～35 m,东部湖面海拔为33～34 m;平均水深为6～7 m,最深处有20.8 m;总面积约为2697 km²。该湖是由山体运动断陷形成的,东、南、西三面环山,北部为敞口的马蹄形盆地。西北高,东南低,盆缘有×山、×山、×山等600 m左右的岛状山地突起。环湖丘陵海拔在350 m以下,低于120 m者为侵蚀阶地,低于60 m者为基座和堆积阶地。中部由湖积、河湖冲积、河口三角洲和外湖组成的堆积平原,大多在25～45 m。该湖是×江重要的吞吐湖泊。湖北面有四条引江水来汇,南面和西面有三条江注入。湖水经河口排入×江。

2.气候与水温

  ×湖湖区年平均温度为16.4～17.5 ℃,1月温度在3.8～4.5 ℃,7月温度在31 ℃左右。湖区年无霜期为258～275 d,年降水量为1100～1400 mm,由外围山丘向内部平原减少。每年4—6月降雨占年总降水量的50%以上,多为大雨和暴雨。若遇各水洪峰齐集,易成洪、涝、渍灾。该湖水量充沛,年径流变幅大,年内径流分配不均,汛期长而洪涝频繁。河口多年平均径流量为×m³,最大年径流量为×m³,最小年径流量为×m³。汛期(5—10月)径流量占年均径流量的75%,其中河口约为×m³,占汛期径流总量的48.5%。该湖水位始涨于4月,7—8月最高,11月到翌年3月为枯水期。

3．水质现状

近年来,对×湖湖区加大环境综合整治力度,推进十大工程,实施五大专项行动,湖区环境有所改善,总磷等主要污染物年排放量逐步减少,年均浓度不断降低。但污染物排放总量仍大幅超过水环境容量,营养状态指数为48,属于中营养状态。该湖流域化学需氧量、氨氮、总磷和总氮排放量分别为×t/a、×t/a、×t/a和×t/a,农业面源污染已成为该湖流域污染的主要来源之一,水环境形势不容乐观。因此,在该湖湿地水污染的治理上,控制系统外水系输入比控制湿地周边更重要,控制面源污染比控制点源污染更重要。

200×—201×年对×湖湖区采集沉积物样品700个,测定了沉积物中As、Cd、Cr、Cu、Hg、Ni、Pb、Zn的含量,并用地积累指数法和主成分分析法对沉积物中的重金属污染状况进行了评价和分析。结果显示,在南部与东部湖泊三角洲的前缘沉积物重金属积累最高,而在西部湖泊三角洲的后缘沉积物重金属含量比前缘高。采用地积累指数法对该湖各区沉积物进行评价,结果表明,南部(重污染)>东部(偏重污染)>西部(中度污染)>河口(轻度污染)。采用主成分分析法对×湖各子湖区沉积物进行分析,结果表明,南部与东部第一主成分贡献率分别为55.22%、56.86%,主要支配As、Cd、Hg、Pb、Zn的载荷,而第二主成分贡献率分别为30.04%、33.11%,主要支配Cu、Cr、Ni的载荷;西部和河口因沉积物重金属来源不同,主成分分析结果相差较大。

×湖流域磷污染严重而重金属浓度较低,除Cu外,其他重金属多年最高浓度均低于国家Ⅱ类水质标准;水体污染有逐年加重趋势,除总氮外,其他各污染物数量的增长速度都非常大。点源污染对该湖流域水污染贡献较大,枯水期各污染物浓度均较丰、平水期高。结合国外研究得到的重金属毒性系数,引入外推法得到总氮和总磷的毒性危害系数,将之应用到×湖流域水体污染物的风险分析中,得出结论:总磷风险对×湖流域的污染风险贡献率仍最大,而总氮和Zn的污染风险相对较小;×山处的污染风险较大,已对其周边生态系统产生了潜在的生态风险,而流域内其他各监测点的风险值偏低。

4．周围的污染源状况

200×年,湖区造纸行业排放废水×t,占全省工业废水排放量的15.5%;排放化学需氧量×t,占全省重点行业排放化学需氧量的50.7%。湖区×家制浆造纸企业中,仅×纸厂和×江纸厂有碱回收设施并运行,其他造纸企业,由于环保设施运行成本高而没有运行,均将造纸废液直排到×湖。

5．水资源利用情况

×湖流域水资源总量为×m³。×湖区地表水资源总量为×m³,地下水资源量为×m³。从水资源消费结构来看,该湖区农业用水占用水总量的63.6%,工业用水占用水总量的26.5%,居民生活用水占用水总量的9.9%。从城乡集中式供水能力来看,该湖区城市公共供水普及率约为88.5%,农村自来水普及率约为86.5%。从饮用水水源来看,该湖区大部分地区饮用水水源为地表水,但是×市流域以及×县、×市、×区等地区的部分饮用水水源仍然为地下水。

　　坚持以人民为中心,以确保人民群众饮水安全为重中之重,加强饮用水水源地保护,加强节水型城市建设,优化水资源配置,开展×湖流域水资源联合调度,切实保障用水安全。到 2020 年,×湖区设市城市公共供水普及率提高到 95%,县城提高到 90% 以上。集中式供水工程饮用水水源地水质达标率达到 95% 以上。农村自来水普及率提高到 90% 以上。城市公共供水管网漏损率控制在 10% 以内。预测到 2025 年,农村自来水普及率达 92%。

　　近年来,×湖水环境综合治理成效明显,目前已形成蓄、引、提、调水源工程相结合,排灌渠系相配套的水资源综合利用体系,防洪减灾能力得到提升,累计完成约 1.155×10^7 人安全饮水工程,新建和改造供水管网×km,新增日供水能力×t,城乡供水安全得到进一步保障。但季节性、水质性缺水现象局部存在,受气候及水文节律变化、大中型水利工程建设以及水资源开发利用程度不断提高等多方面因素影响,三口入湖水量减少,×湖枯水期提前且延长,部分地区生产生活用水困难。湖水自净能力下降,局部水域夏季水华频发。

【监测布点】

1. 监测断面设置

　　在对调查研究结果和有关资料进行综合分析的基础上,根据监测目的和监测项目,并考虑人力、物力等因素确定监测断面和采样点。湖泊通常只设采样垂线,当水体复杂时,可参照河流的有关规定设置监测断面。表 1.1 为河流监测断面的设置原则。

　　(1) 在湖泊不同水域,如进水区、出水区、深水区、浅水区、湖心区、岸边区、按照水体类别和功能设置监测垂线。

　　(2) 湖区如果没有明显功能区别,可以用网格法均匀设置监测垂线。其垂线根据湖泊面积、湖内形成环流的水团数以及入湖河流数等因素确定。

　　(3) 受污染物影响较大的重要湖泊,在污染物主要输送线路上设置控制断面。

表 1.1　河流监测断面的设置原则

断面名称	设置目的	设　置　方　法	设置数目
对照断面	了解流入监测段前的水质状况,提供这一水系区域本底值	位于该区域所有污染物上游处: 设在河流进入城市或工业布局区前的地方; 避开各种废水、污水流入或回流处	一个河段区域设置一个对照断面(有主要支流可酌情增加)
控制断面	监测污染源对水质的影响	主要排污口下游较充分混合处。对特殊要求的地区也可设置控制断面	设置多个断面。根据城市的工业布局、排污口分布情况确定
削减断面	了解经稀释扩散和自净后,河流水质情况	最后一个排污口下游 1500 m 以外的河段(左、中、右浓度差较小的断面,小河流视具体情况确定)	一个断面
背景断面	为评价一个完整水系的污染程度而提供水环境的背景值	基本上未受人类活动的影响,应设在清洁的河段上	根据需要

根据监测目的,结合水的类型、水文、气象、环境等自然特征确定断面。在各入湖河道及湖中设置了12个监测垂线(表1.2),分季节进行监测。

表1.2　×湖水质监测垂线设置点

序号	1	2	3	4	5	6	7	8	9	10	11	12
垂线名称	×湖口	×江口	×湖	×河口	×湖	×河口	×湖	×江	×	×湾	×河口	×河湾
代表水域	进水区	进水区	湖心区	出水区	湖心区	出水区	进水区	深水区	深水区	岸边区	出水区	岸边区

2. 采样点设置

设置监测垂线后,根据水深确定采样点的位置。表1.3为湖泊监测垂线上采样点的设置原则。当湖泊存在温度分层现象时,应先测定不同水深处的温度、溶解氧等参数,确定分层情况后,再决定监测垂线上采样点的位置和数目。一般除在水面下0.5 m处和水底上0.5 m处设采样点外,还要在每个斜温层1/2处设采样点。

采样点确定后,所在位置岸边应该有固定的天然标志物;如果没有,则应该设置人工标志物,或者采样时用全球定位系统定位,使每次采集的样品都取自同一个位置,保证其代表性和可比性。

表1.3　湖泊监测垂线采样点的设置原则

水深/m	分层情况	1/2水深处设采样点	说　明
≤5	水深	水面下0.5 m处,设一个采样点	① 分层是指湖水温度分层状况;
5~10	不分层	水面下0.5 m、水底上0.5 m处各设一个采样点,共2个	② 水深不足1 m,在1/2水深处设采样点;
5~10	分层	水面下0.5 m、1/2斜温层和水底上0.5 m处各设一个采样点,共3个	③ 有充分数据证实垂线水质均匀时,可以酌情减少采样点
>10		除水面下0.5 m和水底上0.5 m处各设一个采样点外,在每一斜温层分层1/2处设一个采样点	

根据各监测垂线数据得出,具体采样点如表1.4所示。

表1.4　各监测垂线采样点的布设

序号	1	2	3	4	5	6	7	8	9	10	11	12
垂线名称	×湖	×江	×湖	×河口	×湖	×河口	×湖	×江	×	×湾	×河口	×河湾
水深/m	8.1	8.7	6.7	3.7	6.4	4.1	5.6	20.8	18.7	4.3	3.5	2.7
采样点/个	至少2	至少2	至少2	1	至少2	1	至少2	至少2	至少2	1	1	1

注:水深大于5 m时,根据水温是否分层进行设定,具体参考表1.3。

　　根据历年监测结果,选取 I_{Mn}、BOD_5、总磷、氨氮、总氮、酚和汞等代表性指标为评价参数,采用《地表水环境质量标准》(GB 3838—2002)为评价标准。

【采样】

1. 采样时间与频率

　　依据不同的水体功能、水文要素和污染源、污染物排放等实际情况,力求以最低的采样频次,取得最有代表性的样品,既要满足能反映水质状况的要求,又要切实可行。

　　饮用水水源地、省(自治区、直辖市)交界断面中要重点控制的监测断面每月至少采样 1 次。国控水系、河流、湖、库上的监测断面,逢单月采样 1 次,全年 6 次。水系的背景断面每年采样 1 次。受潮汐影响的监测断面的采样,分别在大潮期和小潮期进行。每次采集的涨、退潮水样应分别测定。涨潮水样应在断面处水面涨平时采样,退潮水样应在水面退平时采样。如某必测项目连续 3 年均未检出,且在断面附近确定无新增排放源,而现有污染源排污量未增加的情况下,每年可采样 1 次进行测定。一旦检出,或在断面附近有新的排放源或现有污染源排污量增加时,即恢复正常采样。国控监测断面(或垂线)每月采样 1 次,在每月 5～10 d 内进行采样。遇有特殊自然情况,或发生污染事故时,要随时增加采样频次。在流域污染源限期治理、限期达标排放的计划中和流域受纳污染物的总量削减规划中以及为此所进行的同步监测,按“流域监测”相关规定执行。如果为配合局部水流域的河道整治,及时反映整治的效果,应在一定时期内增加采样频次,具体由整治工程所在地环境保护行政主管部门制定。

　　根据以上要求,×湖的采样频率为逢单月采样 1 次,全年 6 次。

2. 水样采集

　　(1) 采样前的准备工作

　　采样器材的准备:BOD_5 采用溶解氧瓶,COD 采用玻璃容器或者塑料容器。各项目盛装容器的洗涤方法见表 1.5。

表 1.5　各项目盛装容器的清洗方法

项　目	洗　涤　方　法
物理性指标、有机污染物综合性指标、无机阴离子(F^-、Cl^-、Br^-、I^-、SO_4^{2-})、有机污染物、微生物	洗涤剂洗 1 次,自来水洗 3 次,蒸馏水洗 1 次
Na、Mg、K、Ca、油类	洗涤剂洗 1 次,自来水洗 2 次,1∶3 HNO_3 洗 1 次,自来水洗 3 次,蒸馏水洗 1 次
Be、Cr(Ⅵ)、Mn、Fe、Ni、Cu、Zn、As、Ag、Cd、Sb、Hg、Pb	洗涤剂洗 1 次,自来水洗 2 次,1∶3 HNO_3 洗 1 次,自来水洗 3 次,去离子水洗 1 次
PO_4^{3-}、总磷、阴离子表面活性剂	铬酸洗液洗 1 次,自来水洗 3 次,蒸馏水洗 1 次

（2）采样与保存

根据采样点位置的不同可以使用聚乙烯塑料桶、单层采水瓶、直立式采水器以及自动采样器采样。

在地表水质监测中通常采集瞬时水样。测定指标不同，所需水样量有一定差异。本监测过程各指标所需水样量以及采样后的保存方法分别如下：COD_{Mn}（500 mL；加 H_2SO_4，$pH \leqslant 2$；保存期 2 d），BOD_5（250 mL；保存期 12 h），总磷（250 mL；加 HCl、H_2SO_4，$pH \leqslant 2$；保存期 24 h），氨氮（250 mL；加 H_2SO_4，$pH \leqslant 2$；保存期 24 h），总氮（250 mL；加 H_2SO_4，$pH \leqslant 2$；保存期 7 d），酚（1000 mL；用 H_3PO_4 调至 $pH = 2$，用 0.01～0.02 g 抗坏血酸除去残余氯；保存期 24 h），汞（250 mL；如水样为中性，加浓 HCl，1 L 水样中加浓 HCl 10 mL；保存期 14 d）。此采样量已考虑重复分析和质量控制的需要，并留有余地。在水样采入或装入容器后，应立即按前述要求加入保存剂。

注意事项：

① 采样时不可搅动水底的沉积物。

② 采样时应保证采样点的位置准确，必要时使用定位仪（GPS）定位。

③ 认真填写水质采样记录表（表 1.6），用签字笔或硬质铅笔在现场记录，字迹应端正、清晰，项目记录完整。

④ 保证采样按时、准确、安全。

⑤ 采样结束前，应核对采样计划、记录与水样，如有错误或遗漏，应立即补采或重采。

⑥ 如采样现场水体很不均匀，无法采到有代表性的样品，则应详细记录不均匀的情况和实际采样情况，供该数据使用者参考。并将此现场情况向环境保护行政主管部门反映。

⑦ 测定油类的水样，应在水面至 300 mm 采集柱状水样，并单独采样，全部用于测定。并且采样瓶（容器）不能用采集的水样冲洗。

⑧ 测溶解氧、生化需氧量和有机污染物等项目时，水样要注满容器，上部不留空间，并有水封口。

⑨ 如果水样中含沉降性固体（如泥沙等），则应分离除去。分离方法如下：将所采水样摇匀后倒入筒形玻璃容器（如 1～2 L 量筒），静置 30 min，将不含沉降性固体但含有悬浮性固体的水样移入盛样容器并加入保存剂。注意测定水温、pH、DO、电导率、总悬浮物和油类这几种指标的水样不分离去除沉降性固体。

⑩ 测定湖库水的 COD、高锰酸盐指数、叶绿素 a、总氮、总磷时，水样静置 30 min 后，用吸管一次或几次移取水样，吸管进水尖嘴应插至水样表层 50 mm 以下位置，再加保存剂保存。

⑪ 测定油类、BOD_5、DO、硫化物、余氯、粪大肠菌群、悬浮物、放射性等项目要单独采样。

（3）水样的运输

水样运输前应将容器的外（内）盖盖紧。装箱时应用泡沫塑料等分隔，以防破损。箱子上应有"切勿倒置"等明显标志。同一采样点的样品瓶应尽量装在同一个箱子中；如果分装在几个箱子内，则各箱内均应有同样的水质采样记录表（表 1.6）。运输前应检查所采水样是否已全部装箱。运输时应有专门押运人员。水样交化验室时，应有交接手续。

表1.6　水质采样记录表

监测站名：　　　　　　　　　　　　　　　　　　　　　　　　　　　　　年度：

	采样位置							气象参数					流速/(m/s)	流量/(m³/s)	现场记录					
编号	河流(湖库)名称	采样时间	断面名称	断面号	垂线号	点位号	水深/m	气温/℃	气压/kPa	风向	风速/(m/s)	相对湿度/%			水温/℃	pH	溶解氧/(mg/L)	透明度/cm	电导率	感官指标描述	备注

采样人员：　　　　　　　　　　　　　　　　　　　　　　　记录人员：

3. 底质采集

底质是指江、河、湖、库、海等水体底部表层沉积物质。它是矿物、岩石、土壤的自然侵蚀和废(污)水排出物沉积及生物活动、物质之间物理化学反应等过程的产物。水、底质和生物组成了完整的水环境体系。通过底质监测，可以了解水环境污染现状，追溯水环境污染历史，研究污染物的沉积、迁移、转化规律和对水生生物特别是底栖生物的影响，并对评价水体质量、预测水质变化趋势和沉积污染物对水体的潜在危险提供依据。

（1）采样点

底质采样点通常为水质采样垂线的正下方。当正下方无法采样时，可略微移动，移动的情况应在底质采样记录表（表1.7）上详细注明。底质采样点应避开河床冲刷、底质沉积不稳定及水草茂盛、表层底质易受搅动之处。湖底质采样点一般应设在主要河流及污染源排放口与湖水混合均匀处。

表1.7　底质采样记录表

监测站名：　　　　　　　　　　　　　　　　　　　　　　　　年度：

序号	河流(湖库)名称	采样断面(点)	采样时间	水深/m	采样工具	编号	底质类型	颜色	嗅	其他特征	备注

现场状况描述：

采样人员：　　　　　　　　　　　　　　　　　　　　　　　记录人员：

（2）采样量及容器

底质采样量通常为 1~2 kg，一次的采样量不够时，可在周围采集几次，并将样品混匀。样品中的砾石、贝壳、动植物残体等杂物应剔除。在较深水域一般常用掘式采泥器采样。在浅水区或干涸河段用塑料勺或金属铲等即可采样。在尽量沥干水分后，样品用塑料袋包装或用玻璃瓶盛装；供测定有机物的样品，用金属器具采样，置于棕色磨口玻璃瓶中。瓶口不要沾污，以保证磨口塞能塞紧。

样品采集后要及时将样品编号，贴上标签，并将底质的外观性状，如泥质状态、颜色、嗅味、生物现象等情况填入底质采样记录表。采集的样品和底质采样记录表运回后一并交实验室，并办理交接手续。

【监测分析方法】

1. 选择分析方法的原则

（1）首先选用国家标准分析方法、统一分析方法或行业标准分析方法。

（2）当实验室不具备使用标准分析方法的条件时，也可采用环监〔1994〕017 号文和环监〔1995〕号文公布的方法体系。

（3）当某些项目的监测，尚无"标准"和"统一"分析方法时，可采用 ISO、美国 EPA 和日本 JIS 方法体系等分析方法，但应经过验证合格，其检出限、准确度和精密度应能达到质控要求。

（4）当规定的分析方法应用于污水、底质和污泥样品分析时，要注意增加消除基体干扰的净化步骤，并进行可适用性检验。

2. 分析方法与原理

本项目水体和底质监测指标相同，分别为 I_{Mn}、BOD_5、总磷、氨氮、总氮、酚和汞，所采用的分析方法如表1.8所示。

表 1.8　各指标分析方法

监测项目	分析方法	备　注
I_{Mn}	高锰酸盐指数的测定	GB 11892—89
BOD_5	微生物传感器快速测定法	HJ/T 86—2002
总磷	钼酸铵分光光度法	GB 11893—89
氨氮	纳氏试剂光度法	GB 7479—87
总氮	碱性过硫酸钾消解-紫外分光光度法	GB 11894—89
酚	4-氨基安替比林分光光度法	HJ 503—2009
汞	冷原子吸收法	HJ/T 341—2007（试行）

（1）底质样品的制备

首先进行样品的制备，具体过程如下：

脱水：自然风干、离心分离、真空冷冻干燥、无水硫酸钠脱水，可根据实际情况选择。

筛分：脱水后的样品平铺，用玻璃棒压散，剔除动植物残体等杂物，过20目筛子，再用四分法缩减至所需量，研磨，过80～200目筛子。由于汞易挥发，其测定仅过80目筛。金属元素使用尼龙筛网，有机物样品使用铜材质筛网。

（2）预处理（水样或底质）

① 水样的预处理。水样的预处理包含水样的消解（去除有机物的干扰）以及富集与分离（待测组分浓缩，去除共存干扰组分的干扰）。常用的消解方法包含湿式消解法（酸式、碱式）和干灰化法。富集与分离的方法则有顶空、气提、蒸馏、萃取、吸附、离子交换等。

② 底质的分解或浸提。全量分解法：将一定量的样品置于聚四氟乙烯烧杯中，加硝酸或者王水，低温加热，稍冷后，加入高氯酸，加热至近干，用1%的硝酸煮沸，溶解残渣，定容备用。

硝酸分解法：将一定量的样品置于50 mL硼硅材质的玻璃管中，加沸石和浓硝酸，缓慢加热至沸腾，回流15 min，冷却、定容，静置过夜，取上清液分析。

水浸取法：取一定量的样品，置于磨口锥形瓶中，加水，密封，振荡4 h，静置过夜，滤纸过滤，滤液分析。

索氏提取器提取有机物：用有机溶剂提取底质、污泥、土壤等固体样品中的非挥发性和半挥发性有机化合物。

超声波提取法：以超声波为能源，在液体介质中产生大量看不到的微泡，微泡迅速膨胀、破裂，促使萃取剂与样品基体密切接触，并渗入内部，将欲分离组分迅速提取出来。适用于从底质、污泥、土壤等样品中提取非挥发性和半挥发性有机化合物。

（3）测定原理

I_{Mn}：是指以高锰酸钾溶液为氧化剂测得的化学耗氧量。Cl^-的浓度<300 mg/L时使用酸性高锰酸钾法，Cl^-的浓度>300 mg/L时使用碱性高锰酸钾法。在水中加入10 mL的高锰酸钾，煮沸10 min，使水中有机物氧化（红色）。加入10 mL草酸，使过量的高锰酸钾与草酸作用（无色）。最后用高锰酸钾反滴定多余的草酸（红色出现时为终点，自身指示剂）。根据使用的高锰酸钾量计算出耗氧量，以mg/L计。

生化需氧量：是指在有溶解氧的条件下，好氧微生物在分解水中有机物的生物化学氧化过程中所消耗的溶解氧量。有机物在微生物作用下好氧分解大体上分为两个阶段，即含碳物质氧化阶段和硝化阶段，主要是含氮有机化合物在硝化菌的作用下分解为亚硝酸盐和硝酸盐。在5～7 d后才显著进行。故目前常用的20 ℃ 5 d培养法（BOD_5法）测定BOD一般不包括硝化阶段。BOD_5的测定有以下几种方法：不稀释不接种、不稀释接种、稀释接种、稀释不接种。可根据具体情况选择。

总磷：是指水中各种形态磷的总量。在中性条件下用过硫酸钾（或硝酸-高氯酸）使试样消解，将所含磷全部氧化为正磷酸盐。在酸性介质中，正磷酸盐与钼酸铵反应，在锑盐存在下生成磷钼杂多酸后，立即被抗坏血酸还原，生成蓝色的络合物。

总氮：指样品中溶解态氮及悬浮物中氮的总和，包括亚硝酸盐氮、硝酸盐氮、无机铵盐、溶解态氨及大部分有机含氮化合物中的氮。在120～124 ℃下，碱性过硫酸钾溶液使样品中含氮化合物的氮转化为硝酸盐，采用紫外分光光度法于波长220 nm和275 nm处，分别测定吸光度A_{220}和A_{275}，按公式$A = A_{220} - 2A_{275}$计算校正吸光度A，总氮（以N计）含量与校正吸光度A成正比。

氨氮：水中以游离态的氨或铵离子等形式存在的氨氮与纳氏试剂反应生成淡红棕色络合物，该络合物的吸光度与氨氮含量成正比，于波长420 nm处测量吸光度。水样中含有悬浮物、余氯、钙镁等金属离子以及硫化物和有机物时会产生干扰。若样品中存在余氯,可加入适量的硫代硫酸钠溶液去除,用淀粉-碘化钾试纸检验余氯是否除尽。在显色时加入适量的酒石酸钾钠溶液,可消除钙镁等金属离子的干扰。若水样浑浊或有颜色时可用预蒸馏法或絮凝沉淀法处理。

汞:水样中的汞离子被还原剂还原为单质汞,形成汞蒸气。基态汞原子受到波长为253.7 nm的紫外光激发,汞原子吸收一定的能量由基态跃迁到激发态,激发态原子返回到基态时,伴随着能量的释放,发射出与激发光束相同波长的共振荧光。在给定的条件下和较低的质量浓度范围内,荧光强度与汞的质量浓度成正比。

酚(挥发酚):用蒸馏法蒸馏出挥发性酚类化合物,并与干扰物质和固定剂分离。由于酚类化合物的挥发速度是随馏出液体积的变化而变化的,因此馏出液体积要与试样体积相等。被蒸馏出的酚类化合物,于 pH = 10.0 ± 0.2 的介质中,在铁氰化钾存在下,与 4-氨基安替比林反应生成橙红色的安替比林染料,用三氯甲烷萃取后,于波长 460 nm 处测定吸光度。

【质量保证和质量控制】

水质监测质量保证是贯穿监测全过程的质量保证体系,包括人员素质、监测分析方法的选定、布点采样方案和措施、实验室内的质量控制、实验室间质量控制、数据处理和报告审核等一系列质量保证措施和技术要求。

(1) 监测人员要具备扎实的环境监测基础理论和专业知识;正确熟练地掌握环境监测中操作技术和质量控制程序;熟知有关环境监测管理的法规、标准和规定;学习和了解国内外环境监测新技术、新方法。

(2) 计量器具在日常使用过程中要校验和维护。在使用前,要对玻璃量器的密合性、容量允许差、流出时间等指标进行检定,合格方可使用。

(3) 采样人员要通过岗前培训,切实掌握采样技术,熟知水样固定、保存、运输条件。采样断面应有明显的标志物,采样人员不得擅自改动采样位置。用船只采样时,采样船应位于下游方向,逆流采样,避免搅动底部沉积物造成水样污染。采样人员应在船前部采样,尽量使采样器远离船体。在同一采样点上分层采样时,应自上而下进行,避免不同层次水体混扰。采样时,除 BOD_5 和酚有特殊要求外,要先用采样水荡洗采样器与水样容器 2~3 次,然后再将水样采入容器中,并按要求立即加入相应的固定剂,贴好标签。应使用正规的不干胶标签。每批水样,应选择部分项目加采现场空白样,与样品一起送实验室分析。每次分析结束后,除必要的留存样品外,样品瓶应及时清洗。各类采样容器应按测定项目与采样位,分类编号,固定专用。

(4) 底质采样点应尽量与水质采样点一致。水浅时,因船体或采泥器冲击搅动底质,或河床为砂卵石时,应另选采样点重采。采样点不能偏移原设置的采样点太远。采样后应对偏移位置进行记录。采样时底质一般应装满抓斗。采样器向上提升时,如发现样品流失过多,必须重采。

(5) 送入实验室水样首先应核对采样单、容器编号、包装情况、保存条件和有效期等,符合要求的样品方可开展分析。每批水样分析时,空白样品对被测项目有响应的,要做一个空白对照实验,出现空白值明显偏高时,应仔细检查原因,以消除空白值偏高的因素。

（6）实验室应保持整洁、安全的操作环境,应具备通风良好、布局合理、安全操作的基本条件。做到相互干扰的监测项目不在同一实验室内操作。可产生刺激性、腐蚀性、有毒气体的实验操作应在通风柜内进行。分析天平应设置专室,做到避光、防震、防尘、防腐蚀性气体和避免对流空气。化学试剂贮藏室要防潮、防火、防爆、防毒、避光和通风。盛水容器定期清洗,以保持容器清洁,防止沾污而影响水的质量。根据实验需要,选用合适材质的器皿,使用后应及时清洗、晾干,防止灰尘等沾污。采用符合分析方法所规定等级的化学试剂。

【监测结果】

1. 监测数据的整理与处理

水或污水现场采样、样品保存、样品传输、样品交接、样品处理和实验室分析的原始记录是监测工作的重要凭证,应在记录表格或专用记录本上按规定格式认真填写。原始记录表有统一编号,个人不得擅自销毁,用完按期归档保存。

原始记录表上的字迹要端正、清晰。如果原始记录表上数据有误需改正时,应在错误的数据上画斜线;如需改正的数据成片,亦可画框线,并添加"作废"两字,再在错误数据的上方写上正确的数字,并在右下方签名(或盖章)。不得在原始记录表上涂改或撕页。监测人员要具有严肃认真的工作态度,对各项记录负责,及时记录。每次报出数据前,原始记录表上要有测试人和校核人签名。原始记录表不得在非监测场合随身携带,不得随意复制、外借。

有效数字指测量中实际能测得的数字,不能对有效数字的位数进行任意增删。由有效数字构成的测定值必然是近似值,因此测定值的运算应按近似计算规则进行。数值修约执行《数值修约规则》(GB 8170—87)。

所使用的计量单位应采用中华人民共和国法定计量单位。浓度含量的结果用 mg/L 表示,浓度较小时,则以 μg/L 表示,浓度很大时亦可用百分数(%)表示(注明 m/V 或 m/m);双份平行测定结果在允许差范围之内,结果以平均值表示。

校准曲线的相关系数只舍不入,保留到小数点后出现非 9 的一位,如 0.99989 → 0.9998。如果小数点后都是 9 时,最多保留 4 位。有时校准曲线的斜率和截距的小数点后位数很多,最多保留 3 位有效数字,并以幂函数表示。

2. 分析结果的统计要求

一组监测数据中,如果个别数值明显偏离其所属样本的其余测定值,则其为异常值。对异常值的判断和处理,参照 GB 4883—85 进行。常采用格鲁布斯(Grubbs)检验法和狄克松(Dixon)检验法。检出异常值的统计检验的显著性水平 α(即检出水平)的适宜取值为 5%。用多次平行测定结果的相对偏差来表示分析结果的精密度,以加标回收率及其相对误差来表示分析结果的准确性。

3. 实施计划

按照监测方案的具体安排,各环节有序、协调地进行。

202×年 1、3、5、7、9、11 月,每月上旬固定×日,进行采样。采样后及时完成测试分析,每次采样后 3 d 内完成样品测定和分析,一周内汇总单次采样数据。具体流程如下:

（1）方案撰写。

（2）监测准备工作。

（3）采集水样。

（4）分析测试。

（5）数据处理。

（6）质量管理和报告的编写。

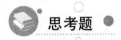 **思考题**

（1）请根据项目相关资料分析采样点布设是否合理，并说明原因。

（2）请根据项目相关资料分析确定水样监测指标预处理的具体方法。

（3）请根据监测指标分析所采用的分析方法的合理性，并与其他国标方法进行对比。

（4）如何合理地定制质量保证和质量控制计划？列出其工作程序。

（5）根据项目相关资料判断该项目所执行的水环境质量标准。

案例 2　污水厂竣工环境保护验收监测

　　×环保投资有限公司×污水处理厂工程项目位于×市×区×工业园区×大道北侧,占地面积×亩(1 亩≈666.67 m²)。

　　为完善×市×区×工业园区的基础设施,保护×江水质,×市城乡投资建设发展有限公司投资建设×污水处理厂工程项目,并由×环保投资有限公司特许经营。项目于 2015 年 8月开工建设,2019 年 5 月投入试运营。《×污水处理厂工程项目环境影响报告书》于 2015 年8 月获批(审批文号×环审〔2015〕×号),审批的建设内容为污水处理厂近期处理规模 1.5×10^4 m³/d,配套污水管网 12.684 km。采用的污水处理工艺为 A^2O 处理工艺。

　　根据建设项目环境保护管理有关规定,×环保投资有限公司于 2019 年 10 月 10 日委托×三方监测机构对该项目竣工进行环境保护验收监测。接受委托后,依据国家有关法规文件、技术标准及该项目环评文件和环评批复要求,监测机构组织有关技术人员对该项目进行了实地踏勘,根据踏勘结果编制验收监测工作方案,作为开展该项目竣工环境保护验收监测工作的依据。依据现场踏勘结果,×污水处理厂工程项目符合验收监测条件。2019 年 10 月16—18 日,三方监测机构对×污水处理厂工程项目及配套的环保设施竣工进行了现场监测和调查,根据监测和调查结果编制了《×环保投资有限公司×污水处理厂竣工环境保护验收监测报告》,为环境保护行政主管部门对该项目竣工环境保护验收提供依据。

【监测目的】

　　(1)检查该项目的污染治理是否符合项目初步设计和环境影响报告书的要求,污染物的排放是否符合国家和地方的污染物排放标准以及污染物总量控制指标要求。

　　(2)检查项目各类环保设施的建设及运行效果。

　　(3)检查各项环保措施落实情况及实施效果。

　　(4)通过分析监测结果,找出存在的问题并提出整改建议,为环境保护行政主管部门对建设项目竣工的环境保护验收提供科学依据。

　　建设项目竣工环境保护验收监测工作程序见图 2.1。

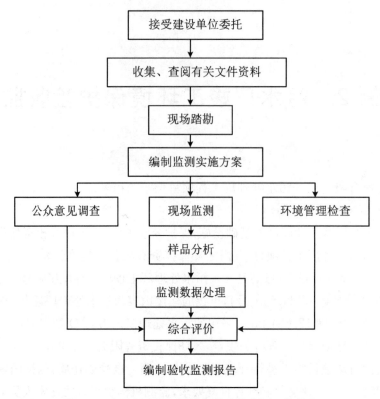

图 2.1　建设项目竣工环境保护验收监测工作程序

【背景资料】

1. 基本情况

×环保投资有限公司×污水处理厂工程项目是新建项目,建设单位为×环保投资有限公司。项目位于×市×区×工业园区×大道北侧,占地面积×亩。项目近期(2019 年)处理规模 $1.5×10^4$ m³/d,配套建设污水管网 12.684 km;远期(2025 年)处理规模 $3.0×10^4$ m³/d。本次仅对近期(2019 年)处理规模 $1.5×10^4$ m³/d,配套建设污水管网 12.684 km 进行验收。项目近期(2019 年)服务范围 5.30 km²,服务人口 $6.5×10^4$ 人,纳污范围为东起×城区×路西约 500 m,西至×生活区,北至×,南至×铁路,接纳生活污水和×工业园区工业废水。

2. 工程主要建设内容

项目北面为×江,南面为×大道,距项目南面约 150 m 处有一废弃居民楼,西面为荒地,东面为树林。本项目工程建设污水处理厂 1 座,占地面积为 28.77 亩,建设污水处理池和污水管网等污水处理工程主体,综合楼、变配电间、加药间及门卫等辅助工程;配套污水管网共计 12.684 km,管径为 DN400—DN1000。厂区南部分用地是租赁的商铺。大门设于厂区南部,邻×大道,进入大门依次为门卫、综合楼。综合办公区与污水处理区设有道路,使其与污水处理区隔离,形成相对独立的区域。污水处理区位于厂区中心。

工程主要组成包含粗格栅及进水泵房、细格栅及旋流沉砂池、A²O 池、混凝滤池、紫外消毒渠、污泥匀质池、污泥浓缩脱水机房等。新建污水管网采用雨污分流制。根据×市×区地形地貌、现有老城区、新规划区及第二污水处理厂位置,污水排水系统工程总体规划为排水方向由南向北。新建两条污水收集主干管:×江南岸至第二污水处理厂截污干管;沿×大道的南侧至第二污水处理厂截污干管。项目主要生产设备已安装。全厂职工16人,2人在厂区内居住,运营人员为3班/d,每班8 h。污水处理厂全年365 d连续运营,每天24 h不间断进行污水处理。

项目用水包括人员办公生活用水、加药间配药用水、消防用水、绿化用水、格栅冲洗用水、污泥脱水机房冲洗用水等,其中办公生活用水、加药间配药用水及消防用水均接自厂外市政管网,接入点位于厂区大门口,用水量为5548 m³/a。格栅冲洗用水、污泥脱水机房冲洗用水、绿化用水采用厂区中的水,取自紫外消毒渠出水区。厂区实行雨污分流制,厂内各道路设置雨水口,道路下敷设雨水管道,雨水汇集直接排入×江。厂区各类废水排入厂区进水泵房,和进厂污水一起处理。项目电力由市政电网提供,厂内设10/0.25 kV变电所一座,电气设备负荷约为815.9 kW,用电量为4.214×10⁶ kW·h/a。厂区设置消防系统,主要建筑物的每一层设置室内消火栓及消防通道,仪表控制室设有自动喷水灭火装置。变电所内设置干粉灭火器。项目厂区构筑物绿化以草皮为主,辅以观赏性树种,厂区周边种植了高大乔木,形成了绿化隔离带。

3. 污水处理工艺

污水处理厂工艺流程及产污环节见图2.2。

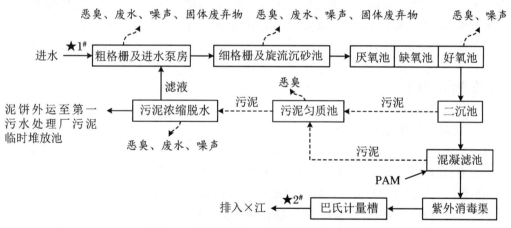

图2.2　污水处理厂工艺流程及产污环节图

项目采用A²O工艺("A²O脱氮除磷+混凝过滤+紫外消毒"工艺)。污水经市政管网收集后,通过管道进入厂区的粗格栅及进水泵房,经粗格栅拦截其中较大的悬浮物后,污水经泵提升进入细格栅及旋流沉砂池。经转鼓细格栅过滤较小的悬浮物后,污水通过沉砂池,沉降其中的泥沙后自流进入A²O池。A²O池由厌氧池、缺氧池、好氧池、二沉池合建组成。污水首先经过微生物的生化作用,去除其中的有机污染物,然后经过沉淀区实现泥水分离。分离后的污水进入混凝滤池,通过投加药剂(PAM)去除悬浮物和总磷。滤池出水经过紫外消毒后通过巴氏计量槽自流也排入×江。粗格栅、细格栅产生的栅渣以及旋流沉砂池拦截的沉砂由环卫部门统一清运。A²O池沉淀区沉淀下来的污泥大部分回流至生化反应区,小部分作为剩余污泥排入污泥匀质池,混凝滤池除磷污泥也排入污泥匀质池,经污泥螺杆泵提升后进入浓缩脱水机脱水,脱水后的泥饼及时外运至×市第一污水处理厂污泥临时堆放池暂存,产生的滤液回流至粗格栅及进水泵房再处理。

4.主要污染分析

废气主要为污水处理过程中散发的恶臭气体,在进水、曝气、污泥处理等部分产生,恶臭气体主要为NH_3和H_2S。粗格栅及进水泵房、细格栅及沉砂池、污泥处理区为主要恶臭源,对其进行了混凝土加盖半封闭处理;在污水处理站的周围,尤其是厂界周边种植常青树木作为隔离带来削减恶臭。

项目废水主要包括格栅冲洗废水、压滤机冲洗废水、污泥压滤滤液产生的生产废水以及员工日常生活产生的生活污水。厂区内产生的生活污水与通过管道收集进入污水处理厂的污水经过A^2O工艺处理达到《城镇污水处理厂污染物排放标准》(GB 18918—2002)一级 B 标准后排至×江。

项目运营期噪声主要为各机械运转噪声、运输车辆噪声。产生较大噪声的有鼓风机、各类水泵、运输污泥等固体废弃物的车辆等。针对产生噪声污染的工序,本项目选用低噪声设备;鼓风机设置在机房内;若采用高噪声设备,则增加消声器和减震垫。设置绿化带和围墙,利用阻隔作用,起到隔声降噪的效果。

项目主要固体废弃物有粗细格栅收集的漂浮物、悬浮物等栅渣,旋流沉砂池产生的沉砂,A^2O池产生的剩余污泥以及员工日常生活办公产生的生活垃圾。

栅渣、沉砂临时堆放在厂区内指定的地点,定期由专业人员统一收运至垃圾填埋场进行填埋。采用机械浓缩、机械脱水后污泥泥饼含水率小于80%,运至×市第一污水处理厂污泥临时堆放池,项目污泥临时堆放池必须设置防雨棚、渗滤液集中收集设施。生活垃圾由市政环卫部门统一清运处置。

【监测布点】

1.无组织废气和环境敏感点

本次验收监测期间,在项目上风向北面厂界外 2 m 处设置 $1^\#$ 无组织废气参照点,在下风向东南面、南面、西南面厂界外 5 m 处设置 $2^\#$、$3^\#$ 和 $4^\#$ 共 3 个无组织废气监测点。在项目下风向距离厂界南面约 150 m 处的居民楼设置 $5^\#$ 环境敏感空气监测点位,具体布点见图 2.3。

无组织废气和环境敏感点监测点位、项目和频次见表 2.1。

表 2.1 无组织废气和环境敏感点的监测点位、项目和频次

序号	监 测 点 位	监测项目	监测频次
1	$1^\#$厂界北面(上风向)		
2	$2^\#$厂界东南面(下风向)		
3	$3^\#$厂界南面(下风向)	氨、硫化氢、臭气浓度	连续监测 2 d,每个监测点每天采样 4 次
4	$4^\#$厂界西南面(下风向)		
5	$5^\#$南面居民楼(环境敏感点,下风向)		

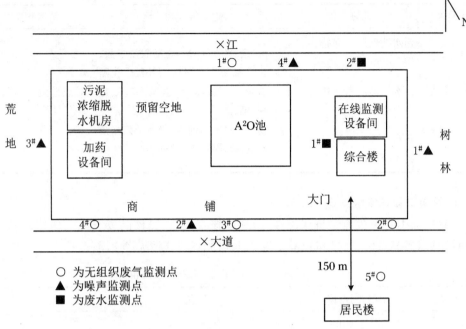

图 2.3　验收监测点位图

2. 废水

验收监测废水取样口为污水处理厂污水排污口。本次验收废水监测点位、项目和频率见表 2.2,监测点位见图 2.3。

表 2.2　废水监测点位、项目和频率

序号	监测点位	监 测 项 目	监测频率
1#	污水处理厂废水进口	pH、化学需氧量、五日生化需氧量(BOD$_5$)、悬浮物、动植物油、石油类、阴离子表面活性剂、总氮、氨氮、总磷、色度、粪大肠菌群、总汞、总镉、总铬、六价铬、总砷、总铅共 18 项	连续监测 2 d,每天采样 3 次
2#	污水处理厂尾水出口	pH、化学需氧量、五日生化需氧量、悬浮物、动植物油、石油类、阴离子表面活性剂、总氮、氨氮、总磷、色度、粪大肠菌群、总汞、烷基汞、总镉、总铬、六价铬、总砷、总铅共 19 项	

3. 地表水

本次验收地表水监测点位、项目和频率见表 2.3。

表 2.3　地表水监测点位、项目和频率

序号	监测点位	监测项目	监测频率
1#	污水处理厂入河排污口上游 500 m 处	pH、溶解氧（DO）、高锰酸盐指数、化学需氧量（CODCr）、五日生化需氧量、氨氮、总磷、总氮、锌、氟化物、硒、砷、汞、镉、六价铬、铅、氰化物、挥发酚、石油类、阴离子表面活性剂、硫化物、粪大肠菌群共 22 项	连续监测 3 d，每天采样 1 次
2#	污水处理厂入河排污口下游 500 m 处		
3#	污水处理厂入河排污口下游 1500 m 处		

4. 厂界噪声和环境敏感点

距厂界南面 150 m 处有一栋居民楼（经现场核查，该居民楼已废弃无人居住）。厂界噪声、环境敏感点监测点位、项目和频率见表 2.4，监测点位详情见图 2.3。

表 2.4　厂界噪声、环境敏感点监测点位、项目和频率

监测点位编号	监测点位	监测项目	监测频率
1#	厂界东面外 1 m	等效连续 A 声级（L_{Aeq}）	连续监测 2 d，昼间、夜间各监测 1 次
2#	厂界南面外 1 m		
3#	厂界西面外 1 m		
4#	厂界北面外 1 m		
5#	厂界南面 150 m 处居民楼（环境敏感点）		

【监测分析方法】

1. 废气

项目废气分析方法见表 2.5。

表 2.5　废气分析方法

监测项目	分　析　方　法
氨	《环境空气和废气　氨的测定　纳氏试剂分光光度法》（HJ 533—2009）
硫化氢	亚甲基蓝分光光度法
臭气	《空气质量　恶臭的测定　三点比较式臭袋法》（GB/T 14675—93）

氨的测定：以游离态的氨或铵离子等形式存在的氨氮与纳氏试剂反应生成淡红棕色络合物，该络合物的吸光度与氨氮含量成正比，于波长 420 nm 处测量吸光度。

硫化氢的测定：样品中的硫化物经酸化、加热氮吹或蒸馏后，产生的硫化氢用氢氧化钠溶液吸收，生成的硫离子在硫酸铁铵酸性溶液中与 N,N-二甲基对苯二胺反应，生成亚甲基蓝，于波长 665 nm 处测定其吸光度，硫化物含量与吸光度成正比。

臭气的测定：先将三只无臭袋中的两只充入无臭空气，另一只则按一定稀释比例充入无臭空气和被测臭气样品供嗅辨员嗅辨，当嗅辨员正确识别有臭气袋后，再逐级进行稀释、嗅辨，直至稀释样品的臭气浓度低于嗅辨员的嗅觉阈值时终止实验。每个样品由若干名嗅辨员同时测定，最后根据嗅辨员的个人嗅觉阈值和嗅辨小组成员的平均阈值，求得臭气浓度。

2. 废水

废水监测分析方法见表2.6。

表 2.6　废水监测分析方法

监测项目	分析方法
pH	《水质　pH 值的测定　玻璃电极法》(GB 6920—86)
化学需氧量	《水质　化学需氧量的测定　重铬酸盐法》(HJ 828—2017)
五日生化需氧量	《水质　五日生化需氧量(BOD_5)的测定　稀释与接种法》(HJ 505—2009)
悬浮物	《水质　悬浮物的测定　重量法》(GB/T 11901—89)
动植物油	《水质　石油类和动植物油的监测　红外分光光度法》(HJ 637—2012)
石油类	《水质　石油类和动植物油的监测　红外分光光度法》(HJ 637—2012)
阴离子表面活性剂	《水质　阴离子表面活性剂的测定　亚甲蓝分光光度法》(GB 7494—87)
总氮	《水质　总氮的测定　碱性过硫酸钾消解紫外分光光度法》(HJ 636—2012)
氨氮	《水质　氨氮的测定　纳氏试剂分光光度法》(HJ 535—2009)
总磷	《水质　总磷的测定　钼酸铵分光光度法》(GB 11893—89)
色度	《水质　色度的测定》(GB 11903—89)
粪大肠菌群	《水质　粪大肠菌群的测定　多管发酵法和滤膜法》(HJ/T 347—2007)
总汞	《水质　汞、砷、硒、铋和锑的测定　原子荧光法》(HJ 694—2014)
烷基汞	《水质　烷基汞的测定　气相色谱法》(GB/T 14204—93)
总镉	《水质　铜、锌、铅、镉的测定　原子吸收分光光度法》(GB 7475—87)
总铬	《城市污水　水质检验方法标准》(CJ/T 51—2004)
六价铬	《水质　六价铬的测定　二苯碳酰二肼分光光度法》(GB/T 7467—1987)
总砷	《水质　汞、砷、硒、铋和锑的测定　原子荧光法》(HJ 694—2014)
总铅	《水质　铜、锌、铅、镉的测定　原子吸收分光光度法》(GB 7475—87)

阴离子表面活性剂的测定：阴离子染料亚甲蓝与阴离子表面活性剂作用，生成蓝色的盐类，即为亚甲蓝活性物质。该生成物可以被氯仿萃取，其色度与浓度成正比，用分光光度计在波长 652 nm 处测量氯仿层的吸光度。

多管发酵法和滤膜法测定粪大肠菌群：将样品加入含乳糖蛋白胨培养基的试管中，37 ℃初发酵富集培养，大肠菌群在培养基中生长繁殖分解乳糖产酸产气，产生的酸使溴甲酚紫指示剂由紫色变为黄色，产生的气体进入倒管中，指示产气。44.5 ℃复发酵培养，培养基中的胆盐三号可抑制革兰氏阳性菌的生长，最后产气的细菌经确定是粪大肠菌群。查MPN 表，得出粪大肠菌群浓度值。

3．地表水

地表水监测分析方法见表2.7。

表2.7 地表水监测分析方法及仪器

监测项目	分 析 方 法
pH	《水质 pH值的测定 玻璃电极法》(GB 6920—86)
溶解氧	《溶解氧的测定 碘量法》(GB 7489—87)
高锰酸盐指数	《水质 高锰酸盐指数的测定》(GB 11892—89)
化学需氧量	《水质 化学需氧量的测定 重铬酸盐法》(HJ 828—2017)
五日生化需氧量	《水质 五日生化需氧量(BOD_5)的测定 稀释与接种法》(HJ 505—2009)
氨氮	《生活饮用水标准检验方法 无机非金属指标》(GB/T 5750.5—2006)
总磷	《水质 总磷的测定 钼酸铵分光光度法》(GB 11893—89)
总氮	《水质 总氮的测定 碱性过硫酸钾消解紫外分光光度法》(HJ 636—2012)
锌	《生活饮用水标准检验方法 金属指标》(GB/T 5750.6—2006)
氟化物	《水质 氟化物的测定 离子选择电极法》(GB 7484—87)
硒	《生活饮用水标准检验方法 金属指标》(GB/T 5750.6—2006)
砷	《生活饮用水标准检验方法 金属指标》(GB/T 5750.6—2006)
汞	《生活饮用水标准检验方法 金属指标》(GB/T 5750.6—2006)
镉	《生活饮用水标准检验方法 金属指标》(GB/T 5750.6—2006)
六价铬	《水质 六价铬的测定 二苯碳酰二肼分光光度法》(GB/T 7467—87)
铅	《生活饮用水标准检验方法 金属指标》(GB/T 5750.6—2006)
氰化物	《水质 氰化物的测定 容量法和分光光度法》(HJ 484—2009)
挥发酚	《水质 挥发酚的测定 4-氨基安替比林分光光度法》(HJ 503—2009)
石油类	《水质 石油类和动植物油的监测 红外分光光度法》(HJ 637—2012)
阴离子表面活性剂	《水质 阴离子表面活性剂的测定 亚甲蓝分光光度法》(GB 7494—87)
硫化物	《水质 硫化物的测定 亚甲基蓝分光光度法》(GB/T 16489—1996)
粪大肠菌群	《水质 粪大肠菌群的测定 多管发酵法和滤膜法》(HJ/T 347—2007)

下面详细介绍氰化物的测定——容量法和分光光度法：

(1) 样品的制备

氰化物样品在蒸馏条件不同的情况下可分为总氰化物和易释放氰化物分别加以制备。总氰化物：向水样中加入磷酸和EDTA二钠，在pH<2的条件下，加热蒸馏，利用金属离子与EDTA络合能力比与氰离子络合能力强的特点，使络合氰化物离解出氰离子，并以氰化氢形式被蒸馏出来，然后用氢氧化钠溶液吸收。易释放氰化物：向水样中加入酒石酸和硝酸锌，在pH=4的条件下，加热蒸馏，简单氰化物和部分络合氰化物(如锌氰络合物)以氰化氢形式被蒸馏出来，然后用氢氧化钠溶液吸收。

（2）样品的分析

方法 1：硝酸银滴定法，适用于受污染的地表水、生活污水和工业废水中氰化物的测定。检出限为 0.25 mg/L，测定下限为 1.00 mg/L，测定上限为 100 mg/L。方法原理如下：经蒸馏得到的碱性试样"A"，用硝酸银标准溶液滴定，氰离子与硝酸银作用生成可溶性的银氰络合离子 $[Ag(CN)_2]^-$，过量的银离子与试银灵指示剂反应，溶液由黄色变为橙红色。

方法 2：异烟酸-吡唑啉酮分光光度法，适用于地表水、生活污水和工业废水中氰化物的测定。检出限为 0.004 mg/L，测定下限为 0.016 mg/L，测定上限为 0.25 mg/L。方法原理如下：在中性条件下，样品中的氰化物与氯胺 T 反应生成氯化氰，再与异烟酸作用，经水解后生成戊烯二醛，最后与吡唑啉酮缩合生成蓝色染料，在波长 638 nm 处测量吸光度。

方法 3：异烟酸-巴比妥酸分光光度法，适用于地表水、生活污水和工业废水中氰化物的测定。检出限为 0.001 mg/L，测定下限为 0.004 mg/L，测定上限为 0.45 mg/L。方法原理如下：在弱酸性条件下，水样中氰化物与氯胺 T 作用生成氯化氰，然后与异烟酸反应，经水解后生成戊烯二醛，最后再与巴比妥酸作用生成紫蓝色化合物，在波长 600 nm 处测量吸光度。

方法 4：吡啶-巴比妥酸分光光度法，适用于地表水、生活污水和工业废水中的氰化物的测定。检出限为 0.002 mg/L，测定下限为 0.008 mg/L，测定上限为 0.45 mg/L。方法原理如下：在中性条件下，氰离子和氯胺 T 的活性氯反应生成氯化氰，氯化氰与吡啶反应生成戊烯二醛，戊烯二醛与两个巴比妥酸分子缩和生成红紫色化合物，在波长 580 nm 处测量吸光度。

4. 环境噪声和厂界噪声

项目环境噪声、厂界噪声监测方法见表 2.8。

表 2.8 环境噪声、厂界噪声监测方法

监测类型	监测项目	监测方法
环境噪声	等效连续 A 声级	《声环境质量标准》（GB 3096—2008）
厂界噪声		《工业企业厂界环境噪声排放标准》（GB 12348—2008）
环境噪声	声级校准	《声环境质量标准》（GB 3096—2008）
厂界噪声		《工业企业厂界环境噪声排放标准》（GB 12348—2008）

【监测质量保证和质量控制】

1. 现场监测时生产工况

2019 年 10 月 16—18 日三方监测机构对本项目进行现场监测和检查。监测期间项目污水处理厂运行正常，各类环保设施运行正常。2019 年 10 月 16 日尾水排放量为 11312 m³/d，10 月 17 日为 11255 m³/d，10 月 18 日为 111300 m³/d，运行负荷达到设计能力的 75% 以上。

2. 监测分析质量控制

监测过程按相关技术规范要求进行。参加监测采样及分析测试的技术人员持证上岗，监测分析仪器均经过有相应资质的计量部门周期性检定合格并在有效期内使用，仪器使用前经过校验及气密性检查，室内水样分析测试采用平行样测定、加标回收、标准样品测定等质控措施，监测数据实行三级审核制度。

水样的采集、运输、保存、实验室分析严格按照《环境水质监测质量保证手册》(第四版)、《水和废水监测分析方法》(第四版)及《建设项目环境设施验收监测技术要求》(环发〔2000〕38 号文附件)等国家技术规范、标准方法进行。采样过程中采集不少于 10%的平行样；实验室分析过程采取测定质控样、加标回收或平行双样等措施。水质分析仪器均经计量部门检定、并在有效使用期内。监测数据按有关规定和要求进行三级审核。

废气现场监测按《环境空气质量手工监测技术规范》(GB/T 194—2005)、《固定源废气监测技术规范》(HJ/T 397—2007)、《建设项目环境保护设施竣工验收监测技术要求(试行)》(环发〔2000〕38 号文附件)等要求的技术规范进行。在进入现场前对流速计进行校核。现场测试前，均对采样仪器进行漏气检查，采样时全程跟踪，同时监督生产工况。废气采样/分析仪器由计量部门检定并在有效使用期内。监测数据实行三级审核制度。

厂界噪声测量方法按有关规定进行，选择在生产正常、无雨、风速小于 5 m/s 时测量。监测时使用的声级计已经计量部门检定并在有效期内；声级计在使用前后用声校准器进行校准。

3. 验收监测评价标准及总量控制指标

(1) 废气监测评价标准

项目无组织废气排放、环境敏感点执行《城镇污水处理厂污染物排放标准》(GB 18918—2002)二级标准浓度限值要求，见表 2.9。

表 2.9　厂界无组织废气排放、环境敏感点结果执行标准

监测项目	二级标准限值	标准来源
氨	1.5 mg/m³	《城镇污水处理厂污染物排放标准》(GB 18918—2002)二级标准
硫化氢	0.06 mg/m³	
臭气浓度(无量纲)	20	

(2) 废水监测评价标准

项目废水排放标准执行《城镇污水处理厂污染物排放标准》(GB 18918—2002)一级标准 B 标准，见表 2.10。

表 2.10　废水排放执行标准

污染物名称	GB 18918—2002 一级标准 B 标准	污染物名称	GB 18918—2002 一级标准 B 标准
pH	6~9(无量纲)	色度	≤30 倍
化学需氧量	≤60 mg/L	粪大肠菌群	≤10⁴个/L
五日生化需氧量	≤20 mg/L	总汞	≤0.001 mg/L
悬浮物	≤20 mg/L	烷基汞	不得检出

续表

污染物名称	GB 18918—2002 一级标准 B 标准	污染物名称	GB 18918—2002 一级标准 B 标准
动植物油	≤3 mg/L	总镉	≤0.01 mg/L
石油类	≤3 mg/L	总铬	≤0.1 mg/L
阴离子表面活性剂	≤1 mg/L	六价铬	≤0.05 mg/L
总氮	≤20 mg/L	总砷	≤0.1 mg/L
氨氮	≤8 mg/L	总铅	≤0.1 mg/L
总磷	≤1 mg/L	—	—

（3）地表水监测评价标准

本项目所在区域地表水主要为项目北面的×江,水环境功能区划为Ⅲ类,水质执行《地表水环境质量标准》(GB 3838—2002)中Ⅲ类标准,标准限值见表 2.11。

表 2.11　地表水质量标准

污染物名称	GB 3838—2002 Ⅲ类标准	污染物名称	GB 3838—2002 Ⅲ类标准
pH	6～9(无量纲)	砷	≤0.05 mg/L
溶解氧	≥5 mg/L	汞	≤0.0001 mg/L
高锰酸盐指数	≤6 mg/L	镉	≤0.005 mg/L
化学需氧量	≤20 mg/L	六价铬	≤0.05 mg/L
五日生化需氧量	≤4 mg/L	铅	≤0.05 mg/L
氨氮	≤1.0 mg/L	氰化物	≤0.2 mg/L
总磷	≤0.2 mg/L	挥发酚	≤0.005 mg/L
总氮	≤1.0 mg/L	石油类	≤0.05 mg/L
锌	≤1.0 mg/L	阴离子表面活性剂	≤0.2 mg/L
氟化物	≤1.0 mg/L	硫化物	≤0.2 mg/L
硒	≤0.01 mg/L	粪大肠菌群	≤10000 个/L

（4）厂界噪声监测评价标准

项目厂界噪声执行《工业企业厂界环境噪声排放标准》(GB 12348—2008)3 类标准,3 类标准限值:昼间等效声级≤65 dB(A),夜间等效声级≤55 dB(A)。

（5）环境噪声监测评价标准

项目南面居民楼（经核实，已废弃无人居住）达到《声环境质量标准》（GB 3096—2008）2 类标准，2 类标准限值：昼间等效声级≤60 dB(A)，夜间等效声级≤50 dB(A)。

（6）固体废弃物

临时污泥池处置必须符合《一般工业固体废弃物贮存、处置场污染控制标准》（GB 18599—2001）及其修改单的相关要求进行存放及处置。

（7）总量控制指标

根据《建设项目主要污染物排放总量指标审核及管理暂行办法》（环发〔2014〕197 号），本项目无二氧化硫和氮氧化物排放，不需申请废气污染物总量指标。项目尚未申请废水总量控制指标。

【监测结果】

1. 无组织废气监测结果及评价

表 2.12 为监测时气象参数，监测结果如表 2.13 所示。由表 2.13 监测结果表明，下风向厂界 3 个无组织废气监测点及环境敏感点，氨的最大排放浓度为 0.132 mg/m³，硫化氢的最大排放浓度为 0.003 mg/m³，臭气浓度的监测结果均<10，均符合《城镇污水处理厂污染物排放标准》（GB 18918—2002）中二级标准要求。

表 2.12　监测时气象参数

监测日期	气象参数				
	气温/℃	气压/kPa	风向	风速/(m/s)	天气状况
2019 年 10 月 16 日	22.0	100.0	北风	1.2	阴
2019 年 10 月 17 日	17.0	100.0	北风	1.0	阴

2. 废水监测结果及评价

废水污染物监测结果见表 2.14。监测结果表明，项目污水处理厂排放尾水各项监测指标均未超出《城镇污水处理厂污染物排放标准》（GB 18918—2002）中一级 B 标准的相关要求。

3. 地表水监测结果与评价

地表水污染物监测结果见表 2.15。监测结果表明，1# 污水处理厂入河排污口上游 500 m、2# 污水处理厂入河排污口下游 500 m 处及 3# 入河排污口下游 1500 m 处各项监测结果均符合《地表水环境质量标准》（GB 3838—2002）中Ⅲ类标准要求。由此说明污水处理厂建成运营后，废水达标排放，不会影响×江水环境质量。

表 2.13　无组织废气监测结果

单位:mg/m³

项目	监测日期	点位次序	1#厂界北面	2#厂界东南面	3#厂界南面	4#厂界西南面	5#南面居民楼	排放限值	达标情况
氨	2019年10月16日	1	0.055	0.11	0.056	0.078	0.055	1.5	达标
		2	0.10	0.12	0.045	0.080	0.05		
		3	0.081	0.132	0.057	0.075	0.052		
		4	0.046	0.11	0.056	0.093	0.067		
		最大值	0.10	0.132	0.057	0.093	0.067		
	2019年10月17日	1	0.56	0.096	0.065	0.090	0.065		
		2	0.75	0.09	0.055	0.087	0.055		
		3	0.46	0.11	0.71	0.065	0.05		
		4	0.55	0.125	0.047	0.08	0.076		
		最大值	0.75	0.125	0.065	0.090	0.076		
硫化氢	2019年10月16日	1	0.002	—	0.001	0.002	—	0.06	达标
		2	0.003	0.001	0.003	0.0014	—		
		3	0.0015	0.001	0.002	0.0014	0.001		
		4	0.002	—	0.003	0.001	—		
		最大值	0.003	0.001	0.003	0.0014	0.001		
	2019年10月17日	1	0.001	—	0.002	0.002	—		
		2	0.002	—	0.002	0.002	—		
		3	0.001	0.001	0.003	0.002	0.001		
		4	0.002	—	0.003	0.001	—		
		最大值	0.002	0.001	0.003	0.002	0.001		
臭气浓度	2019年10月16日	1	8.5	5.5	5.8	3.5	5.7	20	达标
		2	7.3	6.3	3.7	3.3	7.3		
		3	7.7	7.1	3.3	3.9	6.2		
		4	7.9	5.5	4.9	4.6	5.8		
		最大值	8.5	7.1	5.8	4.6	7.3		
	2019年10月17日	1	5.5	7.1	6.2	4.4	7.1		
		2	6.1	7.3	6.6	5.2	7.5		
		3	5.4	7.7	6.3	4.3	7.3		
		4	5.6	8.3	6.1	4.8	6.9		
		最大值	6.1	8.3	6.6	5.2	7.5		

表 2.14 废水监测结果

单位:mg/L(pH,色度,粪大肠菌群除外)

监测日期	监测点位	样品编号	pH	COD$_{Cr}$	BOD$_5$	悬浮物	动植物油	石油类	阴离子表面活性剂	总氮	氨氮	总磷
2019 年 10 月 16 日	1# 污水处理厂废水进口	1-1	8.1	832	623	518	5.7	25	5.6	873	578	6.9
		1-2	7.9	950	576	698	8.3	27	7.6	798	503	7.7
		1-3	7.6	1050	566	456	9.1	31	7.8	676	498	5.3
	2# 污水处理厂尾水出口	2-1	7.7	45	15	13	1.7	2.5	0.76	12.3	4.7	0.61
		2-2	7.5	48	17	9	1.3	1.7	0.65	15.5	6.5	0.76
		2-3	7.3	50	16	7	1.2	1.6	0.81	11.6	7.7	0.67
2019 年 10 月 17 日	1# 污水处理厂废水进口	1-1	8.3	1050	618	589	6.3	31	7.9	897	478	7.9
		1-2	8.6	954	590	793	7.6	23	6.5	803	519	6.8
		1-3	7.9	878	712	655	8.5	30	5.9	765	568	8.5
	2# 污水处理厂尾水出口	2-1	7.7	43	13	11	1.3	2.4	0.75	13.6	5.1	0.72
		2-2	8.1	55	9	7	0.9	1.9	0.75	16.5	4.3	0.64
		2-3	8.0	41	18	5	1.1	1.7	0.55	15.5	5.5	0.51
GB 18918—2002 一级标准 B 标准			6~9	≤60	≤20	≤20	≤3	≤3	≤1	≤20	≤8	≤1
达标评价			达标	达标	达标	达标	达标	达标	达标	达标	达标	达标

续表

监测日期	监测点位	样品编号	色度/倍	粪大肠菌群/(个/L)	总汞	烷基汞	总镉	总铬	六价铬	总砷	总铅
2019年10月16日	1# 污水处理厂废水进口	1-1	250	18900	1.55	—	—	—	0.006	—	—
		1-2	360	21549	2.11	—	—	—	0.005	—	—
		1-3	400	18790	1.92	—	—	—	0.0054	—	—
	2# 污水处理厂尾水出口	2-1	25	5016	0.007	—	—	—	0.002	—	—
		2-2	19	4198	0.0006	—	—	—	0.003	—	—
		2-3	15	3861	0.0008	—	—	—	0.005	—	—
2019年10月17日	1# 污水处理厂废水进口	1-1	403	19045	1.56	—	—	—	0.005	—	—
		1-2	360	27014	1.67	—	—	—	0.006	—	—
		1-3	330	32751	2.01	—	—	—	0.005	—	—
	2# 污水处理厂尾水出口	2-1	15	1710	0.0006	—	—	—	0.004	—	—
		2-2	11	2189	0.001	—	—	—	0.004	—	—
		2-3	14	3387	0.0005	—	—	—	0.003	—	—
GB 18918—2002 一级标准 B 标准			≤30	≤10000	≤0.001	不得检出	≤0.01	≤0.1	≤0.05	≤0.1	≤0.1
达标评价			达标	达标	达标	达标	达标	达标	达标	达标	达标

表 2.15 地表水监测结果

单位:mg/L(pH,粪大肠菌群除外)

监测日期	监测点位	pH	溶解氧	高锰酸盐指数	COD_{Cr}	BOD_5	氨氮	总磷	总氮	锌	氟化物	硒
2019年10月16日	1# 污水处理厂入河排污口上游500 m处	7.9	8.11	3.32	15.6	1.7	0.65	0.13	0.54	—	—	—
	2# 污水处理厂入河排污口下游500 m处	7.7	7.95	3.31	17.3	2.6	0.89	0.17	0.82	0.01	—	—
	3# 污水处理厂入河排污口下游1500 m处	7.4	8.01	4.19	13.4	2.5	0.45	0.09	0.49	—	—	—
2019年10月17日	1# 污水处理厂入河排污口上游500 m处	7.5	8.40	3.35	15.6	1.9	0.70	0.11	0.35	—	—	—
	2# 污水处理厂入河排污口下游500 m处	7.6	7.65	3.65	18.0	3.4	0.82	0.16	0.75	—	—	—
	3# 污水处理厂入河排污口下游1500 m处	8.2	7.91	4.16	14.6	3.1	0.35	0.10	0.44	—	—	—
2019年10月18日	1# 污水处理厂入河排污口上游500 m处	7.5	7.64	4.43	11.2	2.2	0.55	0.16	0.56	—	—	—
	2# 污水处理厂入河排污口下游500 m处	7.7	7.76	3.33	16.4	2.8	0.79	0.18	0.73	—	—	—
	3# 污水处理厂入河排污口下游1500 m处	8.0	8.01	3.65	10.5	3.1	0.45	0.13	0.45	—	—	—
GB 3838—2002 Ⅲ类标准限值		6~9	≥5	≤6	≤20	≤4	≤1.0	≤0.2	≤1.0	≤1.0	≤1.0	≤0.01
达标评价		达标	达标	达标	达标	达标	达标	达标	达标	达标	达标	达标

续表

监测日期	监测点位	砷	汞	镉	六价铬	铅	氰化物	挥发酚	石油类	阴离子表面活性剂	硫化物	粪大肠菌群/(个/L)
2019年10月16日	1# 污水处理厂入河排污口上游500 m处	—	—	—	0.03	—	—	—	0.02	0.12	0.04	3070
	2# 污水处理厂入河排污口下游500 m处	—	—	—	0.04	—	—	—	0.01	0.14	0.08	5670
	3# 污水处理厂入河排污口下游1500 m处	—	—	—	0.02	—	—	—	0.01	0.09	0.06	2389
2019年10月17日	1# 污水处理厂入河排污口上游500 m处	—	—	—	0.01	—	—	—	0.01	0.11	0.05	4080
	2# 污水处理厂入河排污口下游500 m处	—	—	—	0.03	—	—	—	0.03	0.012	0.05	6710
	3# 污水处理厂入河排污口下游1500 m处	—	—	—	0.02	—	—	—	0.01	0.008	0.06	3379
2019年10月18日	1# 污水处理厂入河排污口上游500 m处	—	—	—	0.02	—	—	—	0.01	0.009	0.05	2561
	2# 污水处理厂入河排污口下游500 m处	—	—	—	0.02	—	—	—	0.03	0.010	0.07	5095
	3# 污水处理厂入河排污口下游1500 m处	—	—	—	0.01	—	—	—	0.008	0.010	0.05	3401
GB 3838—2002 Ⅲ类标准限值		≤0.05	≤0.0001	≤0.005	≤0.05	≤0.05	≤0.2	≤0.005	≤0.05	≤0.2	≤0.2	≤10000
达标评价		达标	达标	达标	达标	达标	达标	达标	达标	达标	达标	达标

4．噪声监测结果与评价

项目厂界噪声、环境敏感点噪声监测结果见表2.16。

表2.16　厂界噪声、环境敏感点噪声监测结果

单位:dB(A)

点位编号	监测点位	监测时间	昼间			夜间		
			L_{Aeq}	标准限值	结论	L_{Aeq}	标准限值	结论
1#	厂界东面外1 m	10月16日	51	≤65	达标	49	≤55	达标
		10月17日	50	≤65	达标	50	≤55	达标
2#	厂界南面外1 m	10月16日	45	≤65	达标	45	≤55	达标
		10月17日	43	≤65	达标	42	≤55	达标
3#	厂界西面外1 m	10月16日	52	≤65	达标	50	≤55	达标
		10月17日	51	≤65	达标	50	≤55	达标
4#	厂界北面外1 m	10月16日	54	≤65	达标	53	≤55	达标
		10月17日	53	≤65	达标	52	≤55	达标
5#	厂界南面150 m处居民楼(环境敏感点)	10月16日	48	≤60	达标	45	≤50	达标
		10月17日	45	≤60	达标	46	≤50	达标

由表2.16可知,项目厂界噪声监测结果均符合《工业企业厂界环境噪声排放标准》(GB 12348—2008)3类标准要求;项目厂界南面150 m处居民楼(环境敏感点)的噪声监测结果符合《声环境质量标准》(GB 3096—2008)2类标准要求。

5．生态环境影响

污水管网排水系统工程总体规划为排水方向由南向北,按规划道路设置,与道路建设同步进行,目前城区管网所经路段开挖路面已回填并完成硬化,郊区管网已完成覆土,对生态影响不大。

据调查,运营期项目对陆生生态环境影响较小,因项目运营后,工业区污水进入项目污水处理厂处理,区域水污染物排放量减少,因此对水生态环境影响以正面影响为主,负面影响表现在对排污口附近水生生态环境的影响。经验收监测,项目出水口下游500 m及1500 m处地表水水质达到《地表水环境质量标准》(GB 3838—2002)中Ⅲ类标准要求。因此,尾水对水生生物资源影响较小。

【验收监测结论与建议】

1．监测结论

验收监测期间企业生产工况正常、各类环保设施运行正常,运行负荷达到设计能力的75%,满足《建设项目竣工环境保护验收管理办法》中的生产负荷要求(达到设计能力75%以上),符合建设项目竣工环境保护验收监测的有关规定,具备验收监测条件。

（1）污染物排放与水环境质量

废气监测结果表明,项目南面下风向厂界外 5 m 处 3 个无组织废气监测点及环境敏感点,氨的最大排放浓度为 0.132 mg/m³,硫化氢的最大排放浓度为 0.003 mg/m³,臭气浓度的监测结果均<10,均符合《城镇污水处理厂污染物排放标准》(GB 18918—2002)中二级标准要求。

废水监测结果表明,项目污水处理厂进水水质达到环评批复的进水水质要求。项目污水处理厂排放尾水中的 pH、化学需氧量、五日生化需氧量、悬浮物、动植物油、石油类、阴离子表面活性剂、总氮、氨氮、总磷、色度、粪大肠菌群、总汞、烷基汞、总镉、总铬、六价铬、总砷、总铅共 19 项监测指标结果均未超过《城镇污水处理厂污染物排放标准》(GB 18918—2002)中一级 B 标准限值。

地表水监测结果表明,1# 污水处理厂入河排污口上游 500 m、2# 污水处理厂入河排污口下游 500 m 处及 3# 入河排污口下游 1500 m 处,水中的 pH、溶解氧(DO)、高锰酸盐指数、化学需氧量(COD_{Cr})、五日生化需氧量(BOD_5)、氨氮、总磷、总氮、锌、氟化物、硒、砷、汞、镉、六价铬、铅、氰化物、挥发酚、石油类、阴离子表面活性剂、硫化物、粪大肠菌群共 22 项监测结果均符合《地表水环境质量标准》(GB 3838—2002)中Ⅲ类标准要求。

噪声监测结果表明,项目厂界噪声监测结果均符合《工业企业厂界环境噪声排放标准》(GB 12348—2008)3 类标准要求;项目厂界南面 150 m 处居民楼(环境敏感点)的噪声监测结果符合《声环境质量标准》(GB 3096—2008)2 类标准要求。

固体废弃物如栅渣、沉砂和生活垃圾由环卫部门统一清运;×市第一污水处理厂污泥处理设施已建成,生化池产生的剩余污泥经浓缩脱水处理后,采用密封性能好的专用车辆运至×市第一污水处理厂进行后续处理。

（2）总量控制指标

本项目无主要污染物总量控制指标。

（3）生态影响

污水管网排水系统工程总体规划为排水方向由南向北,按规划道路设置,与道路建设同步进行,目前城区管网所经路段开挖路面已回填并完成硬化,郊区管网已完成覆土,对生态影响不大。据调查,运营期项目对陆生生态环境影响较小,因项目运营后,工业区污水进入项目污水处理厂处理,区域水污染物排放量减少,因此对水生态环境影响以正面影响为主。

综上所述,×环保投资有限公司×污水处理厂工程项目设计、施工、试运行期均采取了有效的防治污染措施,环保设施运行效果基本达到设计要求。该项目生产过程中废气、厂界噪声、生产废水各监测项目均达标排放,污染物排放量得到有效控制;固体废弃物均得到妥善处置;项目基本落实环评批复文件所提出的环保措施要求,没有对区域生态环境造成大的影响,总体上符合建设项目竣工环境保护验收条件。

2．建议

（1）项目应针对潜在的突发性环境污染事故的隐患,完善相关应急处置预案。落实环境风险防范措施,按分级负责的原则开展应急响应工作,明确应急响应程序、应急响应具体操作程序,定期开展应急演练。

(2)项目业主应继续根据环境影响报告书的环境监测计划要求,定期对本项目的生产排污及周边环境进行监测,以对项目排污及周边环境情况进行有效监控。

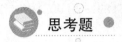 **思考题**

(1)什么是"三同时"政策?要求是什么?

(2)如何制定应急监测方案?请简要描述其过程。

(3)请根据监测指标分析所采取的分析方法的合理性。

案例 3　城区空气质量监测

环境空气质量监测通过精确的数据反映出空气质量和受污染严重程度,能够为环境治理措施的制定提供可靠的依据。《中华人民共和国国民经济和社会发展第十四个五年规划和 2035 年远景目标纲要》重点强调深入开展污染防治行动,坚持源头防治、综合施策,强化多污染物协同控制和区域协同治理。加强城市大气质量达标管理,推进细颗粒物($PM_{2.5}$)和臭氧(O_3)协同控制,地级及以上城市 $PM_{2.5}$ 浓度下降 10%,有效遏制 O_3 浓度增长趋势,基本消除重污染天气。科学的环境监测不仅能够保障环境污染治理的及时性与有效性,而且能够在出现污染问题的征兆时,及时反馈实时数据,提前治理,防患于未然。系统性的环境监测能够帮助明确环境污染程度,使得环境管理部门在治理环境污染时有据可依,利用可靠的监测数据,提高环境治理效果及成效。本案例以×市城区环境空气为例,制定了较为详细的空气质量监测方案,以期为大气环境保护提供准确可靠的监测数据,评价×市大气环境保护工作成效,为环境污染治理方案的选择提供可靠的依据,满足环境保护的需求。

【监测目的】

(1) 对×市城区的环境空气定期监测,评价环境空气质量,为研究环境空气质量变化及制订地区环境保护规划提供基础数据。

(2) 进一步巩固监测理论知识,深入了解环境空气中各污染因子的具体采样方法、分析方法、误差分析及数据处理方法等。

(3) 根据污染物或其他环境质量影响因素的分布,追踪污染路线,寻找污染源,为地区环境污染的治理提供依据。

【背景资料】

1. 气象资料

×市属于亚热带海洋性气候,常年气候温和,雨量充沛,四季分明。春末夏初时多有梅雨发生,夏季炎热多雨,最高气温度常达 40℃ 以上,冬季空气湿润,气候阴冷。

2. 地形资料

×市地处×江下游,×流域水网平原,位于×省东部。北纬×°×′—×°×′、东经×°×′—×°×′。境内地势西南略高,东北略低,高低相差 2 m 左右。×市属于丘陵地区的城市,市区内空气污染物的浓度梯度相当大,因此冬季全国雾霾污染严重时,×市的污染指数屡屡出现在前列。

3．土地利用和功能区划情况

根据×市总体规划（201×—202×）中心城区用地规划图，该市中心城区发展方向为拓展南北，提升中心。结构形态为"一主两副多组团"的空间结构。"一主"即主城区，范围为北起×高速公路，南至×高速公路，西起×高速公路，东至×高速公路，为×市的本体。下属五个组团，其主要功能为生活居住、公共服务、商业金融、文化旅游、科技研发和高新技术产业等；重点规划建设"两圈"（×河与×河文化景观圈）、"四区"（历史文化街区、古城遗址园区、现代旅游休闲区、生态休闲区）、"一城"（以职教科研为特色的科教城）、"三园"（国家高新技术产业开发区、×工业园区、×工业园区）、"三中心"（行政中心、商贸中心、文化中心）。"两副"即中心城区的南北两个新区，南部新区以生态休闲区和高新技术产业开发区为主体，主要功能为高新技术产业、现代物流、生活居住和休闲度假产业；北部新区以新城为核心，主要功能为商务商贸、生活居住和先进制造业。"多组团"即中心组团、高新组团、城西组团、城北组团、城东组团、城南组团等。

4．污染源分布及排放情况

×市是×省省辖市，处于×江中心地带，与×、×联袂成片，构成×省都市圈。该市辖10个市辖区，代管2个县级市。本监测方案监测范围为该市所辖的10个市辖区。城市中心主要为居民区以及商业区，边缘分布着的工业区为主要污染源。其中市区东部高新区存在着诸多传统工业企业，烟囱林立。×区交通便利，交通运输产生的污染较重。

【监测项目】

根据《环境空气质量标准》（GB 3095—2012）和×市的空气污染物排放情况来筛选监测项目，结合空气污染源调查结果，可选 TSP、PM_{10}、SO_2、NO_x、CO、O_3 等作为环境空气监测基本项目。

1．烹饪废气

美食一条街作为污染源的污染物主要是烹饪油烟和天然气燃烧废气。主要污染物有烹饪食品产生的醛、酮、烃、脂肪酸、醇、酯、内酯、杂环化合物、芳香族化合物及天然气燃烧废气中的 CO 和甲醛。因此，增加的选测项目有非甲烷烃、芳香烃、苯乙烯、甲醛、异氰酸甲酯和 CO。

2．重、化工企业废气

工业区增加的选测项目有 CS_2、Cl_2、氯化氢、硫酸雾、HCN、NH_3、Hg、Be、铬酸雾、非甲烷烃、芳香烃、苯乙烯、甲醛、酚、异氰酸甲酯、甲基对硫磷。

3．交通运输废气

在市区各主干道汽车尾气是最主要的污染源，而铁路交通运输废气的排放也应受到监测，因而监测指标包含一氧化碳、氮氧化物和碳氢化合物、醛类、TSP、PM_{10}、Pb 等项目。

4．降水监测

由于×市处于酸雨区，酸雨问题比较严重。为了了解在降水过程中从空气降落到地面的沉降物的主要组成以及某些污染组分的性质和含量，为分析和控制空气污染提供依据，还应对降水进行监测,测定降水的组分,主要监测项目包括 pH、电导率、硫酸根、亚硝酸根、硝酸根、氟离子、铵根离子、钾钠钙镁离子等。

【监测布点】

1. 环境空气质量监测点位布设原则

代表性:具有较好的代表性,能客观反映一定空间范围内的环境空气质量水平和变化规律,客观评价城市区域环境的空气状况及污染源对环境空气质量的影响,满足为公众提供环境空气状况健康指引的需求。

可比性:同类型监测点设置条件尽可能一致。

整体性:环境空气质量评价城市点应考虑城市自然地理、气象等综合环境因素以及工业布局、人口分布等社会经济特点,在布局上应反映城市主要功能区和主要大气污染源的空气质量现状及变化趋势,从整体出发合理布局,监测点之间相互协调。

前瞻性:应结合城乡建设规划考虑监测点的布设,使确定的监测点能兼顾未来城乡空间格局变化趋势。

稳定性:监测点位置一经确定,原则上不应变更,以保证监测资料的连续性和可比性。

2. 环境空气质量监测点位布设要求

(1) 环境空气质量评价城市点

位于各城市的建成区内,并相对均匀分布,覆盖全部建成区。采用城市加密网格点实测或模式模拟计算的方法,估计所在城市建成区污染物浓度的总体平均值。全部城市点的污染物浓度的算术平均值应能代表所在城市建成区污染物浓度的总体平均值。城市加密网格点实测是指将城市建成区均匀划分为若干加密网格点,单个网格不大于 2 km×2 km(面积大于 200 km² 的城市也可适当放宽网格密度),在每个网格中心或网格线的交点上设置监测点,了解所在城市建成区的污染物整体浓度水平和分布规律,监测项目包括 GB 3095—2012 中规定的 6 项基本项目(可根据监测目的增加监测项目),有效监测天数不少于 15 d。模式模拟计算是通过污染物扩散、迁移及转化规律,预测污染分布状况进而寻找合理的监测点位的方法。拟新建城市点的污染物浓度的平均值与同一时期用城市加密网格点实测或模式模拟计算的城市总体平均值相对误差应在 10% 以内。用城市加密网格点实测或模式模拟计算的城市总体平均值计算出 30、50、80 和 90 百分位数的估计值;拟新建城市点的污染物浓度平均值计算出的 30、50、80 和 90 百分位数与同一时期城市总体估计值计算的各百分位数的相对误差在 15% 以内。

(2) 污染监控点

应设在可能对人体健康造成影响的污染物高浓度区以及主要固定污染源对环境空气质量产生明显影响的地区。污染监控点依据排放源的强度和主要污染项目布设,应设置在排放源的主导风向和第二主导风向(一般采用污染最严重季节的主导风向)的下风向的最大落地浓度区内,以捕捉到最大污染特征为原则进行布设。对于固定污染源较多且比较集中的工业园区等,污染监控点原则上应设置在主导风向和第二主导风向(一般采用污染最严重季节的主导风向)的下风向的工业园区边界,兼顾排放强度最大的污染源及污染项目的最大落地浓度。地方环境保护行政主管部门可根据监测目的确定点位布设原则增设污染监控点,并实时发布监测信息。

（3）路边交通点

一般应在行车道的下风侧，根据车流量的大小、车道两侧的地形、建筑物的分布情况等确定路边交通点的位置，采样口距道路边缘距离不得超过 20 m。由地方环境保护行政主管部门根据监测目的确定点位布设原则设置路边交通点，并实时发布监测信息。

（4）监测点周围环境要求

① 应采取措施保证监测点附近 1000 m 内的土地使用状况相对稳定。

② 点式监测仪器采样口周围，监测光束附近或开放光程监测仪器发射光源到监测光束接收端之间不能有阻碍环境空气流通的高大建筑物、树木或其他障碍物。从采样口或监测光束到附近最高障碍物之间的水平距离，应为该障碍物与采样口或监测光束高度差的两倍以上，或从采样口至障碍物顶部与地平线夹角应小于 30°。

③ 采样口周围水平面应保证 270°以上的捕集空间，如果采样口一边靠近建筑物，采样口周围水平面应有 180°以上的自由空间。

④ 监测点周围环境状况相对稳定，所在地长期稳定和足够坚实，所在地点应避免受山洪、雪崩、山林火灾和泥石流等局地灾害影响，安全和防火措施有保障。

⑤ 监测点附近无强大的电磁干扰，周围有稳定可靠的电力供应和避雷设备，通信线路容易安装和检修。

⑥ 区域点和背景点周边向外的大视野需 360°开阔，方圆 1～10 km 距离内应没有明显的视野阻断。

⑦ 考虑监测点位设置在机关单位及其他公共场所时，应保证通畅、便利的出入通道及条件，在出现突发状况时，可及时赶到现场进行处理。

（5）采样口位置要求

① 对于手工采样，其采样口离地面的高度应在 1.5～15 m 范围内。

② 对于自动监测，其采样口或监测光束离地面的高度应在 3～20 m 范围内。

③ 对于路边交通点，其采样口离地面的高度应在 2～5 m 范围内。

④ 在保证监测点具有空间代表性的前提下，若所选监测点位周围 300～500 m 范围内建筑物平均高度在 25 m 以上，无法按满足①和②条的高度要求设置时，其采样口高度可以在 20～30 m 范围内选取。

⑤ 在建筑物上安装监测仪器时，监测仪器的采样口离建筑物墙壁、屋顶等支撑物表面的距离应大于 1 m。

⑥ 使用开放光程监测仪器进行空气质量监测时，在监测光束能完全通过的情况下，允许监测光束从日平均机动车流量少于 10000 辆的道路上空、对监测结果影响不大的小污染源和少量未达到间隔距离要求的树木或建筑物上空穿过，穿过的合计距离，不能超过监测光束总光程长度的 10%。

⑦ 当某监测点需设置多个采样口时，为防止其他采样口干扰颗粒物样品的采集，颗粒物采样口与其他采样口之间的直线距离应大于 1 m。若使用大流量总悬浮颗粒物（TSP）采样装置进行并行监测，其他采样口与颗粒物采样口的直线距离应大于 2 m。

⑧ 对于环境空气质量评价城市点，采样口周围至少 50 m 范围内无明显固定污染源，为避免车辆尾气等直接对监测结果产生干扰，采样口与道路之间最小间隔距离按照相关要求确定。

⑨ 开放光程监测仪器的监测光程长度的测绘误差应在 $-3 \sim +3$ m 范围内(当监测光程长度小于 200 m 时,光程长度的测绘误差应在 $-1.5\% \sim 1.5\%$ 范围内)。

⑩ 开放光程监测仪器发射端到接收端之间的监测光束仰角不应超过 15°。

3. 监测点位布设方法

监测点位根据范围大小、污染物的空间分布特性、人口分布及密度、气象、地形和经济条件等因素综合考虑确定。世界卫生组织(WHO)和世界气象组织(WMO)提出按城市人口多少设置城市大气地面自动监测站(点)的数目。监测区域内的采样站(点)总数确定后,可根据实际情况采用不同的方法进行站(点)布设。

(1) 功能区布点法

先将功能区域划分为工业区、商业区、居住区、工业和居住混合区、交通稠密区、清洁区等,再根据具体污染情况和人力、物力条件,在各功能区设置一定数量的采样点。

(2) 网格布点法

适用于有多个污染源,且污染源分布较均匀的地区。两条直线交点处或方格中心网格大小视污染源强度、人口分布、人力、物力等条件确定。若主导风向明显,则下风向多布点,一般占采样点总数的 60%。网格划分足够小,则可将监测结果绘制成污染物浓度空间分布图,对指导城市环境规划和管理具有重要意义。

(3) 同心圆布点法

适用于多个污染源构成的污染群,且大污染源较集中的地区。以污染群为圆心,作若干个同心圆再从圆心作若干条放射线,将放射线与圆周的交点作为圆心。同心圆半径可分别取 4 km、10 km、20 km、40 km,从里向外各圆周上分别设 4、8、8、4 个采样点。

(4) 扇形布点法

适用于孤立的高架点源,且主导风向明显的地区。扇形的角度一般为 45°,也可以更大一些,但不能超过 90°。相邻两点与顶点连线的夹角一般取 10°～20°。弧线不宜等距离划分,浓度最大值时布点多一些,以减少不必要的工作量,每条弧线上设置 3～4 个点。

(5) 线源布点法

可用于调查线源。将交通干线(包括交通路口)附近划成若干网格,在每个网格内布点采样。

4. 具体布点

根据污染物排放量,结合市区各功能区的要求及当地的地形、地貌、气象条件,按功能区布点法和网格布点法相结合的方式来布设采样点,在多个污染源构成污染群且大污染源较集中的地区采用同心圆布点法。在离交通要道和工厂较近、人口密集区域多设采样点。

×市市区人口约×万人,由我国空气污染例行监测的采样点设置数目表可得,TSP、SO_2、NO_x 的采样点应为 6 个,自然降尘量的采样点应为 12～20 个,硫酸盐化速率采样点应为 18～30 个;根据 WHO 建议的城市地区空气污染趋势监测站点数目表可得,可吸入颗粒物和 SO_2 的采样点应为 5 个,NO_x、氧化剂、CO 和风向风速的采样点应为 2 个。我国规定,对于常规降水监测,布设 3 个采样点。

对于交通运输污染较重和有石油化工企业的地区,应区别一次污染物和由光化学反应产生的二次污染物。

【采样】

1. 采样时间与频率

采样频率是指在一个时间段内的采样次数。代表值的正确性随采样频率的增加而提高。采用连续自动监测仪,频率高,数据可靠性也强。间歇性采样方式频率低,如果能处理好,也可得到较有代表性的数据。采样时间是指每次采样从开始到结束所经历的时间。

短期采样:通常只适用于某种特定目的,例如事故性监测、初步调查等应急监测。采集的样品缺乏代表性,不能反映污染物浓度随时间的变化。

长期采样:一天或一年连续自动采样并测定。能反映污染物浓度随时间的变化规律,可取得一天或一年的代表值(平均值),是最佳的采样方式。

两者要根据监测目的、污染物分布特征、分析方法灵敏度等因素确定。可以根据表 3.1 进行采样时间和频率的确定。

表 3.1　各项基本指标数据统计的有效性规定

污　染　物	平均时间	数据有效性规定
二氧化硫、二氧化氮、颗粒物(PM_{10})、颗粒物($PM_{2.5}$)、氮氧化物	年平均	每年至少有 324 个日平均浓度值 每月至少有 27 个日平均浓度值(二月至少有 25 个日平均浓度值)
二氧化硫、二氧化氮、一氧化碳、颗粒物(PM_{10})、颗粒物($PM_{2.5}$)、氮氧化物	24 h 平均	每日至少有 20 h 平均浓度值或采样时间
臭氧	8 h 平均	每 8 h 至少有 6 h 平均浓度值
二氧化硫、二氧化氮、一氧化碳、臭氧、氮氧化物	日平均	每小时至少有 45 min 的采样时间
总悬浮颗粒物、苯并[a]芘、铅	年平均	每年至少有分布均匀的 60 个日平均浓度值 每月至少有分布均匀的 5 个日平均浓度值
铅	季平均	每季至少有分布均匀的 15 个日平均浓度值 每月至少有分布均匀的 5 个日平均浓度值
总悬浮颗粒物、苯并[a]芘、铅	24 h 平均	每日应有 24 h 的采样时间

2. 采样方法

根据所确定的监测项目,按照《空气和废气监测分析方法》《环境监测技术规范》和《环境空气质量标准》所规定的采样方法进行采样。

采样方法包含以下几类:

(1) 溶液吸收采样法

溶液吸收采样法是利用空气中被测组分能迅速溶解于吸收液或能与吸收液迅速发生化学反应的原理,采集环境空气中气态污染物的采样方法。此法适用于二氧化硫、二氧化氮、氮氧化物、臭氧等气态污染物的样品。采样系统主要由采样管路、采样器、吸收装置等部分组成。常见的吸收装置主要有气泡吸收管(瓶)、多孔玻板吸收管(瓶)和冲击式吸收管(瓶)等。

(2) 吸附管采样法

吸附管采样法是利用空气中被测组分通过吸附、溶解或化学反应等作用被阻留在固体吸附剂上的原理,采集环境空气中气态污染物的采样方法。吸附管采样法适用于汞、挥发性有机物等气态污染物的样品采集。采样系统主要由采样管路、采样器、吸附管等部分组成。吸附管为装有各类吸附剂的普通玻璃管、石英管或不锈钢管等,吸附剂的类型、粒径、填装方式、填装量及吸附管规格需符合相关监测方法标准的要求。常见的固体吸附剂有活性炭、硅胶和有机高分子等。

(3) 滤膜采样法

滤膜采样法是采用不同材质滤膜采集空气中目标污染物的采样方法。滤膜采样法适用于总悬浮颗粒物、可吸入颗粒物、细颗粒物等大气颗粒物的质量浓度监测及成分分析以及颗粒物中重金属、苯并[a]芘、氟化物(小时和日均浓度)等污染物的样品采集。采样系统由颗粒物切割器、滤膜夹、流量测量及控制部件、采样泵、温湿度传感器、压力传感器和微处理器等组成。总悬浮颗粒物采样系统性能和技术指标应满足 HJ/T 374—2007 的规定,可吸入颗粒物和细颗粒物采样器性能和技术指标应符合 HJ 93—2013 的规定。

(4) 滤膜-吸附剂联用采样法

滤膜-吸附剂联用采样法是将滤膜和吸附剂联合使用,采集环境空气中气态和颗粒物并存的污染物的采样方法。此法适用于多环芳烃类等半挥发性有机物的样品采集。

(5) 直接采样法

直接采样法是将空气样品直接采集在合适的气体收集器内的采样方法。适用于一氧化碳、挥发性有机物、总烃等污染物的样品采集,常用于空气中被测组分浓度较高或所用分析方法灵敏度较高的情况。根据气态污染物的理化特性及分析方法的检出限,选择相应的采样装置,一般采用真空罐(瓶)、气袋、注射器等。

真空罐一般由内表面经过惰性处理的金属材料制作,真空瓶一般由硬质玻璃制作,通常配有进气阀门和真空压力表,可重复使用。气袋适用于采集化学性质稳定、不与气袋起化学反应的低沸点气态污染物。气袋常用的材质有聚四氟乙烯、聚乙烯、聚氯乙烯和金属衬里(铝箔)等。根据监测方法标准要求和目标污染物性质等选择合适的气袋。

气袋采样方式分为真空负压法和正压注入法。真空负压法采样系统由进气管、气袋、真空箱、阀门和抽气泵等部分组成;正压注入法用双联球、注射器、正压泵等器具通过连接管将样品气体直接注入气袋中。

注射器通常由玻璃、塑料等材质制成,采样前根据不同的方法要求进行选择。一般用 50 mL 或 100 mL 带有惰性密封头的注射器。

(6) 被动采样法

被动采样法是将采样装置或气样捕集介质暴露于环境空气中,不需要抽气动力,依靠环境空气中待测污染物分子的自然扩散、迁移、沉降等作用而直接采集污染物的采样方法。被动采样法适用于硫酸盐化速率、氟化物(长期)、降尘等污染物的样品采集。

3. 样品的运输与保存

(1) 样品采集完成后,应将样品密封后放入样品箱,样品箱再次密封后尽快送至实验室分析,并做好样品交接记录。

（2）要防止样品在运输过程中受到撞击或剧烈振动而损坏。样品运输及保存中应避免阳光直射。

（3）需要低温保存的样品,在运输过程中应采取相应的冷藏措施,防止样品变质。

（4）样品到达实验室应及时交接,尽快分析。如不能及时测定,应按各项目的监测方法标准要求妥善保存,并在样品有效期内完成分析。

【监测分析方法】

1. 大气标准

根据《环境空气质量标准》(GB 3095—2012),环境空气功能区分为两类:一类区为自然保护区、风景名胜区和其他需要特殊保护的区域;二类区为居住区、商业交通居民混合区、文化区、工业区和农村地区。因此,×市城区属于二类区,执行二类标准。各项污染物浓度限值见表3.2。

表 3.2　环境空气污染物浓度限值

污染物名称	平均时间	浓度限值		浓度单位
		一级标准	二级标准	
二氧化硫(SO_2)	年平均	20	60	$\mu g/m^3$
	24 h平均	50	150	
	1 h平均	150	500	
总悬浮颗粒物	年平均	80	200	$\mu g/m^3$
	24 h平均	120	300	
可吸入颗粒物(PM_{10})	年平均	40	70	$\mu g/m^3$
	24 h平均	50	150	
二氧化氮(NO_2)	年平均	40	40	$\mu g/m^3$
	24 h平均	80	80	
	1 h平均	200	200	
一氧化碳(CO)	24 h平均	4	4	mg/m^3
	1 h平均	10	10	
臭氧(O_3)	日最大8 h平均	100	160	$\mu g/m^3$
	1 h平均	160	200	
铅(Pb)	季平均	0.5	0.5	$\mu g/m^3$
	年平均	1	1	
苯并[a]芘(B[a]P)	年平均	0.001	0.001	$\mu g/m^3$
	24 h平均	0.0025	0.0025	

2. 分析方法

各项污染物分析方法见表3.3。

表 3.3　各项污染物分析方法

序号	监测项目	手工分析方法	自动分析法
1	二氧化硫	《环境空气　二氧化硫的测定　甲醛吸收-副玫瑰苯胺分光光度法》 《环境空气　二氧化硫的测定　四氯汞盐吸收-副玫瑰苯胺分光光度法》	紫外荧光法、差分吸收光谱分析法
2	二氧化氮	《环境空气　氮氧化物（一氧化氮和二氧化氮）的测定　盐酸萘乙二胺分光光度法》	化学发光法、差分吸收光谱分析法
3	一氧化碳	《空气质量　一氧化碳的测定　非分散红外法》	气体滤波相关红外吸收法、非分散红外吸收法
4	臭氧	《环境空气　臭氧的测定　靛蓝二磺酸钠分光光度法》 《环境空气　臭氧的测定　紫外光度法》	紫外荧光法、差分吸收光谱分析法
5	颗粒物（PM_{10}）	《环境空气　PM_{10} 和 $PM_{2.5}$ 的测定　重量法》	微量振荡天平法、β 射线法
6	颗粒物（$PM_{2.5}$）	《环境空气　PM_{10} 和 $PM_{2.5}$ 的测定　重量法》	微量振荡天平法、β 射线法
7	总悬浮颗粒物	《环境空气　总悬浮颗粒物的测定　重量法》	
8	氮氧化物	《环境空气　氮氧化物（一氧化氮和二氧化氮）的测定　盐酸萘乙二胺分光光度法》	化学发光法、差分吸收光谱分析法
9	铅	《环境空气　铅的测定　石墨炉原子吸收分光光度法》（暂行） 《环境空气　铅的测定　火焰原子吸收分光光度法》	
10	苯并[a]芘	《空气质量　飘尘中苯并[a]芘的测定　乙酰化滤纸层析荧光分光光度法》 《环境空气　苯并[a]芘的测定　高效液相色谱法》	
11	多环芳烃	《环境空气和废气　气相和颗粒物中多环芳烃的测定　高效液相色谱法》 《环境空气和废气　气相和颗粒物中多环芳烃的测定　气相色谱-质谱法》	

下面具体介绍气相和颗粒物中的多环芳烃的测定。

（1）高效液相色谱法

① 测定原理。将气相和颗粒物中的多环芳烃分别收集于采样筒与玻璃（或石英）纤维滤膜/筒中，采样筒和滤膜/筒用 10/90（体积比）乙醚/正己烷的混合溶剂提取，提取液经过浓缩、硅胶柱或弗罗里硅土柱等方式净化后，用具有荧光/紫外检测器的高效液相色谱仪分

离检测。样品采集、贮存和处理过程中受热、臭氧、氮氧化物、紫外光都会引起多环芳烃的降解，需要密闭、低温、避光保存。

② 试剂和材料。分析时均使用符合国家标准的分析纯化学试剂和蒸馏水。所用试剂和材料如下：乙腈（液相色谱纯）、甲醇（液相色谱纯）、二氯甲烷（色谱纯）、正己烷（色谱纯）、乙醚（色谱纯）、丙酮（色谱纯）、无水硫酸钠（Na_2SO_4）、多环芳烃标准贮备液、十氟联苯标准贮备液、样品提取液（乙醚/正己烷混合溶液）、洗脱液（层析柱洗脱液：二氯甲烷/正己烷混合溶液；固相柱洗脱液：二氯甲烷/正己烷混合溶液）、颗粒物采样材料（超细玻璃（或石英）纤维滤膜）、超细玻璃（或石英）纤维滤筒、吸附树脂（XAD-2 树脂，苯乙烯-二乙烯基苯聚合物）、聚氨酯泡沫（PUF）、硅胶、弗罗里硅土柱、玻璃棉、氮气。

③ 仪器和设备。所用仪器和设备如下：液相色谱仪（HPLC，具有可调波长紫外检测器或荧光检测器和梯度洗脱功能）、色谱柱（C18 柱，4.60 mm×250 mm，填料粒径为 5.0 μm 的反相色谱柱或其他性能相近的色谱柱）、环境空气采样设备（采样装置由采样头、采样泵和流量计组成）、索氏提取器、恒温水浴、浓缩装置、固相萃取净化装置、玻璃层析柱、微量注射器、气密性注射器等。

④ 样品采集。五环以上的多环芳烃主要存在于颗粒物上，可用玻璃（或石英）纤维滤膜/筒采集；二环、三环多环芳烃主要存在于气体中，可以穿过玻璃（或石英）纤维滤膜/筒，可用 XAD-2 树脂和聚氨酯泡沫采集；四环多环芳烃在两相同时存在时，必须用玻璃（或石英）纤维滤膜/筒、树脂和聚氨酯泡沫采集样品。

环境空气样品的采集：现场采样前要对采样器的流量进行校正，依次安装好滤膜夹、吸附剂套筒，连接于采样器，调节采样流量，开始采样。采样结束后打开采样头上的滤膜夹，用镊子轻轻取下滤膜，采样面向里对折，从吸附剂套筒中取出采样筒，与对折的滤膜一同用铝箔纸包好，放入原来的盒中密封。采样后进行流量校正。

⑤ 样品的保存。样品采集后应避光于 4 ℃以下冷藏，7 d 内提取完毕；或－15 ℃以下保存，30 d 内完成提取。

⑥ 样品前处理。样品的提取：将玻璃纤维滤膜（或滤筒）、装有树脂和聚氨酯泡沫的玻璃采样筒放入索氏提取器中，在聚氨酯泡沫上加上十氟联苯溶液，加入适量乙醚/正己烷提取液，以每小时回流不少于 4 次的速度提取 16 h。回流完毕，冷却至室温，取出底瓶，清洗提取器及接口处，将清洗液一并转移入底瓶，于提取液中加入无水硫酸钠至硫酸钠颗粒可自由流动，放置 30 min，脱水干燥。

样品的浓缩：将提取液转移至浓缩瓶中，将浓缩装置温度控制在 45 ℃以下，浓缩至 1 mL。如需净化，加入正己烷，重复此浓缩过程 3 次，将溶剂完全转换为正己烷，最后浓缩至 1 mL，待净化。如无需净化，浓缩至 0.5～1.0 mL，加入乙腈，再浓缩至 1 mL 以下，将溶剂完全转换为乙腈，最后准确定容到 1.0 mL，待测，制备的样品在 4 ℃以下冷藏保存，30 d 内完成分析。

样品的净化：

a. 硅胶层析柱净化：玻璃层析柱依次填入玻璃棉，以二氯甲烷为溶剂湿法填充硅胶，最后填入 1～2 cm 高无水硫酸钠。柱子装好后用二氯甲烷冲洗层析柱 2 次，确保液面保持在硫酸钠表面以上，不能流干，再用正己烷冲洗层析柱，关闭活塞。将浓缩后的样品提取溶液转移到柱内，用正己烷清洗装样品的浓缩瓶，并转移到层析柱内，弃去流出液。用正己烷洗脱层析柱，弃去流出液。再用二氯甲烷/正己烷淋洗液洗脱层析柱，以 2～5 mL/min 流速接收流出液。洗脱液转移至浓缩瓶中,浓缩至 0.5~1.0 mL,加入乙腈,再浓缩至 1 mL 以下,将溶剂完全转换为乙腈,最后准确定容到 1.0 mL,待测。制备的样品在 4 ℃以下冷藏保存,30 d 内完成分析。

b. 硅胶或氟罗里硅土固相萃取柱净化:用硅胶柱或弗罗里硅土柱作为净化柱,将其固定在固相萃取净化装置上。先用二氯甲烷冲洗净化柱,再用正己烷平衡净化柱,待柱内充满正己烷后关闭流速控制阀浸润 5 min,再打开控制阀,弃去流出液。在溶剂流干之前,将浓缩后的样品提取液加入柱内,再用正己烷分 3 次洗涤装样品的浓缩瓶,将洗涤液一并加到柱上,用二氯甲烷/正己烷洗脱液洗涤吸附有样品的净化柱,待洗脱液流过净化柱后关闭流速控制阀,浸润 5 min,再打开控制阀,继续接收洗脱液至完全流出。浓缩至 0.5~1.0 mL,加入乙腈,再浓缩至 1 mL 以下,最后准确定容到 1.0 mL,待测。制备的样品在 4 ℃以下冷藏保存,30 d 内完成分析。净化过程中柱内液体不能流干。

⑦ 分析步骤。色谱条件:梯度洗脱程序为 65%乙腈+35%水,保持 27 min;以 2.5%乙腈/min 的增量至 100%乙腈,保持至出峰完毕。流动相流量为 1.2 mL/min。柱温为 30 ℃。推荐紫外检测器的波长为 254 nm、220 nm、230 nm 和 290 nm。

标准曲线的绘制:取一定量多环芳烃标准使用液和十氟联苯标准使用液置于乙腈中,制备至少 5 个浓度点的标准系列,贮存在棕色小瓶中,于冷暗处存放。通过自动进样器或样品定量环分别移取 5 种浓度的标准使用液,注入液相色谱,得到不同浓度的多环芳烃的色谱图。以峰高或峰面积为纵坐标,浓度为横坐标,绘制标准曲线。标准曲线的相关系数应≥0.999,否则应重新绘制标准曲线。

样品的测定:将待测样品注入高效液相色谱仪中。记录色谱峰的保留时间和峰高(或峰面积)。

空白实验:在分析样品的同时,应做空白实验,按与样品测定相同步骤分析,检查分析过程中是否有污染。

⑧ 结果计算与表示。首先计算标准状态(0 ℃,101.325 kPa)下的采样体积,按以下公式计算样品中多环芳烃的质量浓度:

$$C = (C_i \times V \times DF)/V_s$$

式中,C 为样品中目标化合物的质量浓度,$\mu g/m^3$;C_i 为从标准曲线得到的目标化合物的质量浓度,$\mu g/mL$;V 为样品的浓缩体积,mL;V_s 为标准状况下的采样总体积,m^3;DF 为稀释因子(若目标化合物的浓度超出曲线,要进行稀释)。

计算环境空气样品时,将结果乘以 1000,单位转换为 ng/m^3。当环境空气样品大于等于 1.00 ng/m^3 时,结果保留三位有效数字;小于 1.00 ng/m^3 时,结果保留至小数点后两位。

(2) 气相色谱-质谱法

① 测定原理。将气相和颗粒物中的多环芳烃分别收集于采样筒与玻璃(或石英)纤维滤膜/筒,采样筒和滤膜用乙醚/正己烷的混合溶剂提取,提取液经过浓缩、硅胶柱或氟罗里硅土柱等方式净化后,进行气相色谱-质谱联机(GC/MS)检测,根据保留时间、质谱图或特征离子进行定性,内标法定量。

② 试剂和材料。分析时均使用符合国家标准的分析纯试剂和蒸馏水。所用试剂如下:二氯甲烷(色谱纯)、正己烷(色谱纯)、乙醚(色谱纯)、丙酮(色谱纯)、无水硫酸钠、十氟三苯基膦(DFPTT)、替代物、内标溶液、标准溶液(多环芳烃类标准贮备液、中间液、使用液)、样品提取液、淋洗液、柱层析硅胶、硅胶固相柱或氟罗里硅土固相柱、超细玻璃(或石英)纤维滤

膜、玻璃(或石英)纤维滤筒、XAD-2 树脂(苯乙烯-二乙烯基苯聚合物)、聚氨酯泡沫、氮气、玻璃棉。

③ 仪器和设备。气相色谱-质谱联机:气相色谱具有分流/不分流进样口,具有程序升温功能;质谱仪采用电子轰击电离源。色谱柱:石英毛细管色谱柱,30 m(长)×0.25 mm(内径)×0.25 μm(膜厚),固定相为 5%苯基甲基聚硅氧烷或其他等效的色谱柱。石墨垫:含60%聚酰亚胺和 40%石墨,避免分析过程中对 PAHs 产生吸附。氮气:纯度≥99.999%。环境空气采样设备:采样装置由采样头、采样泵和流量计组成。另外,还有索氏提取器、恒温水浴、旋转蒸发装置、固相萃取净化装置、玻璃层析柱、微量注射器、气密注射器等。

④ 样品采集。五环以上的多环芳烃主要存在于颗粒物上,可用玻璃(或石英)纤维滤膜/筒采集;二环、三环多环芳烃主要存在于气体中,可以穿过玻璃(或石英)纤维滤膜/筒,可用 XAD-2 树脂和聚氨酯泡沫采集;四环多环芳烃在两相同时存在时,必须同时用玻璃(或石英)纤维滤膜/筒、树脂和聚氨酯泡沫采集样品。

环境空气和无组织排放废气样品的采集:现场采样前要对采样器的流量进行校正,依次安装好滤膜夹、吸附剂套筒,连接于采样器,调节采样流量,开始采样。采样结束后打开采样头上的滤膜夹,用镊子轻轻取下滤膜,采样面向里对折,从吸附剂套筒中取出采样筒,与对折的滤膜一同用铝箔纸包好,放入原来的盒中密封。采样后进行流量校正。

⑤ 样品的保存。样品采集后应避光于 4 ℃以下冷藏,7 d 内提取完毕;或在-15 ℃以下保存,30 d 内完成提取。

⑥ 样品的制备。样品的提取:将滤膜/筒和玻璃采样筒直接放在索氏提取器中(如果将玻璃采样筒内的树脂和聚氨酯泡沫转移到索氏提取器中,用一定量乙醚/正己烷提取液冲洗玻璃采样筒,冲洗液转移到提取器中),于树脂上添加 100 μL 替代物 1 使用液,加入适量乙醚/正己烷提取液,以每小时回流不少于 4 次的速度提取 16 h。回流提取完毕,冷却至室温,取出底瓶,清洗提取器及接口处,将清洗液一并转移入底瓶,再加入少许无水硫酸钠至硫酸钠颗粒可自由流动,放置30 min。将固定源排气的冷凝水转移到分液漏斗中,用正己烷冲洗冷凝水收集瓶,并转移到分液漏斗中,加入正己烷萃取,萃取液与上述底瓶内提取液合并。

样品的浓缩:将提取液转移入浓缩瓶中,温度控制在 45 ℃以下,浓缩至 5.0 mL 以下,加入5～10 mL 正己烷,继续浓缩,将溶剂完全转为正己烷,浓缩至 1.0 mL 以下。如不需净化,加入 10.0 μL 内标使用液,定容至1.0 mL,转移到样品瓶中待分析。制备的样品在 4 ℃以下冷藏保存,30 d 内完成分析。

样品的净化:

a. 硅胶层析柱净化:玻璃层析柱依次填入玻璃棉,以二氯甲烷为溶剂湿法填充 10 g 活化硅胶,最后填入 1～2 cm 高无水硫酸钠。柱子装好后用二氯甲烷冲洗层析柱 2 次,确保液面保持在硫酸钠表面以上,不能流干,再用正己烷冲洗层析柱,关闭活塞。把样品提取液转移入柱内,用正己烷清洗提取液瓶,并转移到层析柱内,弃去流出液。用正己烷洗脱层析柱,弃去流出液。用 30 mL 二氯甲烷/正己烷淋洗液洗脱层析柱,以 2～5 mL/min 流速接收流出液于浓缩瓶中。流出液浓缩,溶剂换为正己烷,浓缩至 1.0 mL 以下,加入内标使用液,定容至1.0 mL,转移到样品瓶中,待分析。制备的样品在 4 ℃以下冷藏保存,30 d 内完成分析。

b. 硅胶或氟罗里硅土固相萃取柱净化:取 1 g 硅胶或氟罗里硅土固相萃取柱,将其固定在固相萃取净化装置上。依次用二氯甲烷、正己烷冲洗柱床,待柱内充满正己烷后关闭流速控制阀浸润 5 min,再打开控制阀,弃去流出液。在溶剂流干之前,关闭控制阀。将浓缩后的样品提取溶液全部转移至柱内,打开控制阀,用正己烷洗涤装样品的浓缩瓶 2 次,将洗涤液转移到固相柱,用二氯甲烷/正己烷淋洗液洗脱固相柱,收集流出液于浓缩瓶中。待淋洗液流过硅胶柱后关闭流速控制阀,浸润 5 min,再打开控制阀,继续接收流出液至完全流出。流出液浓缩至 1.0 mL 以下,加入内标使用液,定容至 1.0 mL,转移到样品瓶中待分析。制备的样品在 4 ℃ 以下冷藏保存,30 d 内完成分析。

⑦ 全程序空白和运输空白。每采集一批样品,至少保证一个运输空白和全程序空白。

⑧ 分析步骤。气相色谱的参考条件:进样口温度为 250 ℃;进样方式为不分流进样,在 0.75 min 时分流,分流比为 60∶1;程序升温为 10 ℃/min,70 ℃（2 min）至 320 ℃（5.5 min）;载气为氦气;流量为 1.0 mL/min;进样量为 1.0 μL。

质谱参考条件:离子源为 EI 源;离子源温度为 230 ℃;离子化能量为 70 eV;扫描方式为全扫描或离子扫描;扫描范围为 m/z 35～500 AMU（原子质量单位）;溶剂延迟为 6.0 min;电子倍增电压与调谐电压一致;传输线温度为 280 ℃。其余参数参照仪器使用说明书进行设定。

仪器的性能检查:每天在分析之前,要对 GC/MS 系统进行仪器性能检查。进 1 μL DFTPP 溶液,GC/MS 系统得到的 DFTPP 关键离子丰度应满足规定标准,否则要对质谱仪的一些参数进行调整或清洗离子源。

化合物的定性定量方法:

a. 定性分析。以全扫描或离子扫描方式采集数据,以样品中相对保留时间（RRT）、辅助定性离子和定量离子峰面积比（Q）与标准溶液中的相应量的差值来定性分析。样品中目标化合物的相对保留时间与标准曲线中该化合物的相对保留时间的差值应在 −0.03～+0.03 以内。样品中目标化合物的辅助定性离子和定量离子峰面积比与标准曲线目标化合物的辅助定性离子和定量离子峰面积比相对偏差控制在 −30%～30% 以内。

按公式

$$RRT = RT_c/RT_{is}$$

计算相对保留时间 RRT。式中,RT_c 为目标化合物的保留时间,min；RT_{is} 为内标物的保留时间,min;平均相对保留时间指标准系列中同一目标化合物的相对保留时间的平均值。

按公式

$$Q = A_q/A_t$$

计算辅助定性离子和定量离子峰面积比 Q。式中,A_t 是定量离子峰面积,A_q 是辅助定性离子峰面积。

b. 定量方法。按条件进行分析,得到多环芳烃的质量色谱图,根据定量离子峰面积,采用内标法定量。

标准曲线的绘制:在 6 个 2 mL 棕色样品瓶中,依次加入不同量的正己烷,再依次加入不同量的多环芳烃标准使用液,在每个瓶中准确加入一定量的内标使用溶液,配制不同浓度的 PAHs 标准系列。

平均相对响应因子的计算方法:按前述条件进行分析,得到不同浓度的多环芳烃标准溶液的质量色谱图,计算不同浓度的待测物定量离子的相对响应因子（RRF）及平均相对响应因子（$RRF_{平均}$）,并计算相对标准偏差,如果各浓度化合物相对响应因子的相对标准偏差不大于 30%,利用平均相对响应因子对结果进行计算。

标准曲线的建立:以标准溶液中待测化合物的定量离子峰面积 A_s 与内标化合物浓度 ρ_{is}

的乘积为分子,内标化合物定量离子的峰面积 A_{is} 为分母,其比值作为纵坐标,多环芳烃标准溶液浓度为横坐标,用最小二乘法建立标准曲线。每个工作日应测定曲线中间点溶液,来检验标准曲线。

样品的测定:标准曲线绘制完毕或曲线核查完成后,将处理好的并放至室温的样品注入气相色谱-质谱仪,按照仪器参考条件进行样品测定。根据目标化合物和内标定量离子的峰面积计算样品中目标化合物的浓度。当样品浓度超出标准曲线的线性范围时,将样品稀释至标准曲线线性范围内,适当补加内标量保持与标准曲线一致,再进行测定。

空白实验:在分析样品的同时,应做空白实验,按与样品测定相同步骤分析,检查分析过程中是否有污染。

⑨ 结果计算。样品中目标化合物的质量浓度(C)按以下两个公式计算:

$$C = (C_i \times V_i \times DF)/V_s$$

$$C_i = (C_{is} \times A)/(RRF_{平均} \times A_{is})$$

式中,C 是样品中目标化合物的质量浓度,$\mu g/m^3$;C_i 是从平均相对响应因子或标准曲线得到目标化合物的质量浓度,$\mu g/mL$;C_{is} 是内标化合物的浓度,$\mu g/mL$;V_i 为目标化合物的定量离子峰面积;V 为样品的浓缩体积,mL;V_s 为标准状况下的采样总体积,m^3;DF 是稀释因子(若目标化合物的浓度超出曲线,要进行稀释)。

当环境空气样品大于等于 0.01 $\mu g/m^3$ 时,结果保留三位有效数字;小于 0.01 $\mu g/m^3$ 时,结果保留至小数点后四位。

【监测结果】

根据监测数据,对结果进行表述。环境空气质量指数的计算参见《环境空气质量指数(AQI)技术规定(试行)》(HJ 633—2012)。找出各采样时段内不同的空气污染物的变化规律(同一天的不同时段及不同天的同一相应时段各污染物的浓度的变化趋势),将×市的空气质量与国家相应标准进行比较并得出结论;分析×市空气质量现状;找出出现目前×市环境空气质量现状的原因;提出改善×市环境空气质量的建议及措施。

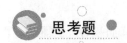
思考题

(1) 环境空气监测的特殊之处是什么?

(2) 环境空气质量监测与污染物监测布点采样的区别有哪些?

(3) 根据本项目提供的资料,如何进一步确定具体采样点位?

(4) 本监测方案是否合理? 存在哪些缺陷? 怎么改进?

案例4　锅　炉　监　测

×中学拥有师生 2000 人，有一个食堂，食堂有两台燃气蒸汽锅炉。锅炉废气通过烟囱排放至大气中。

【监测目的】

（1）熟悉监测废气方案的制定与实施，掌握相关监测项目的测定方法。

（2）了解该食堂排气的现状，提高环保的意识。

（3）学习巩固相关知识，以便对专业有更深的认识；培养发现问题、解决问题的能力，提高团队合作能力。

【背景资料】

×学校食堂有 2 台燃气蒸汽锅炉（基本参数见表 4.1），但只有一个排气口。多台执行不同的最高允许排放浓度的锅炉，烟气经同一条烟囱排放的，每台锅炉应单独设置排放监测断面。确实不能单独设置的，烟气混合排放口浓度及混合过量空气系数应执行按锅炉出力折算后的限值。

表 4.1　锅炉基本参数

类型	FBA-050 蒸汽锅炉
数量	2 台
位置	毓秀锅炉房
每天开启时间	20 h
燃料	天然气
排放主要污染物	二氧化硫、二氧化碳、二氧化氮、一氧化碳、PM_{10}、VOC
锅炉高度	约 2.2 m

【监测项目】

固定污染源的污染物监测主要包括各种炉、窑在运行过程中产生的烟尘、工艺粉尘以及废气污染物的监测。除特定工艺排放外，其主要监测内容为烟（粉）尘、二氧化硫、氮氧化物、一氧化碳、二氧化碳、氟化物以及烟气林格曼黑度等。根据国家现行标准要求，锅炉设备主要监测项目为烟尘、二氧化硫、氮氧化物及烟气林格曼黑度等；相关测试项目包括锅（窑）炉运行负荷（出力）、烟气温度、流速、氧含量、湿度等。

本次监测的是国家标准要求的烟尘（颗粒物）、二氧化硫、氮氧化物及烟气林格曼黑度、汞及其化合物和部分相关测试项目。

实测的锅炉颗粒物、二氧化硫、氮氧化物、汞及其化合物的排放浓度，应执行 GB 5468—91 或 GB/T 16157—1996 的规定，按下式折算为基准氧含量排放浓度：

$$\rho = \rho' \times \frac{21 - \psi(O_2)}{21 - \psi'(O_2)} \tag{4.1}$$

式中，ρ 为大气污染物基准氧含量排放浓度，mg/m^3；ρ' 为实测的大气污染物排放浓度，mg/m^3；$\psi'(O_2)$ 为实测的氧含量；$\psi(O_2)$ 为基准氧含量。

各类燃烧设备的基准氧含量按表 4.2 规定执行。

表 4.2　基准氧含量

锅炉类型	基准氧含量
燃煤锅炉	9%
燃油燃气锅炉	3.5%

【采样布点】

1. 采样位置的要求

（1）采样位置应避开对测试人员操作有危险的场所。

（2）采样位置应优先选择在垂直管段，应避开烟道弯头和断面急剧变化的部位。采样位置应设置在距弯头、阀门、变径管下游方向不小于 6 倍直径处和距上述部件上游方向不小于 3 倍直径处。对于矩形烟道，其当量直径 $D = 2AB/(A + B)$，式中，A、B 为边长。采样断面的气流速度最好在 5 m/s 以上。

（3）测试现场空间位置有限，很难满足上述要求时，可选择比较适宜的管段采样，但采样断面与弯头等的距离至少是烟道直径的 1.5 倍，并应适当增加测点的数量和采样频次。

（4）对于气态污染物，由于混合比较均匀，其采样位置可不受上述规定限制，但应避开涡流区。如果同时测定排气流量，采样位置仍按（2）的标准选取。

（5）必要时可设置采样平台，采样平台应有足够的工作面积使工作人员安全、方便地操作。其面积应不小于 1.5 m，并设有 1.1 m 高的护栏和不低于 10 cm 的脚部挡板，其承重应不小于 200 kg/m，采样孔距平台面 1.2～1.3 m。

本次采样地点为锅炉房废气烟囱口。锅炉产生的大部分废气通过烟囱排出，少量废气会从锅炉以及管道向锅炉房溢出，停留在房内，并通过门窗与外界交流后排出。锅炉房内空间狭小、空气流动缓慢，故在靠近门口处及锅炉房中心位置处选取两个采样点。采样高度在两锅炉废气管道结合处下方。

2. 采样点的位置和数目

（1）圆形烟道

a. 将烟道分成适当数量的等面积同心环，各测点选在各环等面积中心线与呈垂直相交的两条直径线的交点上(图4.1),其中一条直径线应在预期浓度变化最大的平面内,如果测点在弯头后,则该直径线应位于弯头所在的平面内。

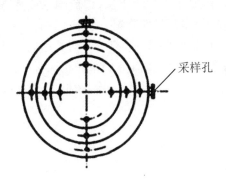

采样孔

图4.1 圆形烟道采样点布设

b. 对于符合要求的烟道,可只选预期浓度变化最大的一条直径线上的测点。

c. 对于直径小于0.3 m、流速分布比较均匀、对称并符合相应要求的小烟道,可取烟道中心作为测点。

d. 不同直径的圆形烟道的等面积环数、测量直径数及测点数要求根据《固定源废气监测技术规范》(HJ/T 397—2007)确定,原则上测点不超过20个。

e. 测点距烟道内壁的距离根据《固定源废气监测技术规范》(HJ/T 397—2007)确定。当测点距烟道内壁的距离小于25 mm时,取25 mm。

(2)矩形或方形烟道

a. 将烟道断面分成适当数量的等面积小块,各块中心即为测点。小块的数量按相关规定选取。原则上测点不超过20个。

b. 烟道断面面积小于0.1 m²、流速分布比较均匀、对称并符合相应要求的,可取断面中心作为测点。锅炉废气排放烟囱外观为矩形,规格约为1.2 m×0.8 m,面积约为0.96 m²,两侧各有一个规格为0.4 m×0.2 m的排气口。故在排气口下方约0.5 m气流平稳处设置采样断面,并将断面按等面积划分为9个矩形,每个矩形中央设置一个采样点。

(3)颗粒物的测定

采样位置和采样点按上述规定确定。

(4)气态污染物采样

采样位置,原则上应符合上述规定。由于气态污染物在采样断面内,一般是混合均匀的,可取靠近烟道中心的一点作为采样点。

3. 采样时间和采样频次的确定

确定采样频次和采样时间的依据如下:相关标准和规范的规定和要求;实施监测的目的和要求;被测污染源污染物排放特点、排放方式及排放规律,生产设施和治理设施的运行状况;被测污染源污染物排放浓度的高低和所采用的监测分析方法的检出限。

相关标准中对采样频次和采样时间有规定的,按相关标准的规定执行。除相关标准另有规定外,排气筒中废气的采样以连续1 h的采样获取平均值,或在1 h内,以等时间间隔采集3~4个样品,并计算平均值。若某排气筒的排放为间断性排放,排放时间小于1 h,应在排放时段内实行连续采样,或在排放时段内等时间间隔采集2~4个样品,并计算平均值。

当进行污染事故排放监测时,应按需要设置采样时间和采样频次,不受上述要求的限制。

一般污染源的监督性监测每年不少于 1 次,如被国家或地方环境保护行政主管部门列为年度重点监管的排污单位,每年监督性监测不少于 4 次。

本次监测仅进行 1 次。该锅炉除 0～3 点外,均处运行状态。选取早上 8 点、中午 12 点、晚上 6 点进行采样。每个测点以连续 1 h 的采样获取平均值,或在 1 h 内,以等时间间隔采集 3～4 个样品,并计算平均值。采样持续一个星期(正常工作日)。

【采样】

1. 颗粒污染物

将烟尘采样管由采样孔插入烟道中,使采样嘴置于测点上,正对气流,按颗粒物等速采样原理,抽取一定量的含尘气体。根据采样管滤筒上所捕集到的颗粒物量和同时抽取的气体量,计算出排气中的颗粒物浓度。

(1)采样原则

① 等速采样。颗粒物具有一定的质量,在烟道中由于其运动的惯性,不能完全随气流改变方向,为了从烟道中取得有代表性的烟尘样品,要等速采样,即气体进入采样嘴的速度应与采样点的烟气速度相等,其相对误差应在 10% 以内。气体进入采样嘴的速度大于或小于采样点的烟气速度都将使采样结果产生偏差。

② 多点采样。由于颗粒物在烟道中的分布是不均匀的,想要取得有代表性的烟尘样品,则要在烟道断面按一定的规则多点采样。

(2)采样方法

① 移动采样。用一个滤筒在已确定的采样点上移动采样,各点的采样时间相同,求出采样断面的平均浓度。

② 定点采样。每个测点上采一个样,求出采样断面的平均浓度,还可了解烟道断面上颗粒物浓度变化情况。

③ 间断采样。对有周期性变化的排放源,根据工况变化及其延续时间,分段采样,然后求出时间加权平均浓度。

(3)维持等速采样的方法

维持颗粒物等速采样的方法有普通型采样管法(预测流速法)、皮托管平行测速采样法、动压平衡型采样管法和静压平衡型采样管法四种。可根据不同测量对象状况,选用其中的一种方法。有条件的,应尽可能采用自动调节流量烟尘采样仪采样,以减少采样误差,提高工作效率。

普通型采样管法(预测流速法)按 GB/T 16157—1996 中 8.3 的规定。

皮托管平行测速采样法按 GB/T 16157—1996 中 8.4 的规定。

动压平衡型采样管法按 GB/T 16157—1996 中 8.5 的规定。

静压平衡型采样管法按 GB/T 16157—1996 中 8.6 的规定。

下面介绍一下皮托管平行测速自动烟尘采样仪:

① 原理。仪器的微处理测控系统根据各种传感器检测到的静压、动压、温度及含湿量等参数,计算烟气流速。选定采样嘴直径,采样过程中仪器自动计算烟气流速和等速跟踪采

样流量。控制电路调整抽气泵的抽气能力,使实际流量与计算的采样流量相等,从而保证了烟尘自动等速采样。皮托管平行测速自动烟尘采样仪见图4.2。

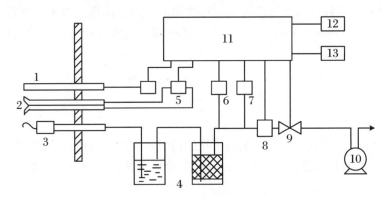

1—热电偶或热电阻温度计;2—皮托管;3—采样管;4—除硫干燥器;5—微压传感器;
6—压力传感器;7—温度传感器;8—流量传感器;9—流量调节装置;10—抽气泵;
11—微处理系统;12—微型打印机或接口;13—显示器

图4.2　皮托管平行测速自动烟尘采样仪

② 采样前的准备工作。

a. 滤筒处理和称重。用铅笔将滤筒编号,在105~110 ℃下烘烤1 h,取出放入干燥器中,在恒温恒湿的天平室中冷却至室温,用感量为0.1 mg的分析天平称量,两次称量质量之差应不超过0.5 mg。当滤筒在400 ℃以上高温排气中使用时,为了减少滤筒本身减重,应预先在400 ℃高温箱中烘烤1 h,然后放入干燥器中冷却至室温,称量至恒重。并放入专用的容器中保存。

b. 检查所有的测试仪器功能是否正常,干燥器中的硅胶是否失效。

c. 检查系统是否漏气,如果发现漏气,应再分段检查,堵漏,直至合格。

③ 采样步骤。

a. 采样系统连接:用橡胶管将组合采样管的皮托管与主机的相应接嘴连接,将组合采样管的烟尘取样管与洗涤瓶和干燥瓶连接,再与主机的相应接嘴连接。

b. 仪器接通电源,自检完毕后,输入日期、时间、大气压、管道尺寸等参数。仪器计算出采样点数目和位置,将各采样点的位置在采样管上做好标记。

c. 打开烟道的采样孔,清除孔中的积灰。

d. 仪器压力测量:进行零点校准后,将组合采样管插入烟道中,测量各采样点的温度、动压、静压、全压及流速,选取合适的采样嘴。

e. 含湿量测定:仪器注水,并将其抽气管和信号线与主机连接,将采样管插入烟道,测定烟气中的水分含量。

f. 记下滤筒的编号,将已称重的滤筒装入采样管内,旋紧压盖,注意采样嘴与皮托管全压测孔方向一致。

g. 设定每点的采样时间,输入滤筒编号,将组合采样管插入烟道中,密封采样孔。

h. 使采样嘴及皮托管全压测孔正对气流,位于第一个采样点。启动抽气泵,开始采样。第一点采样结束,仪器自动发出信号,立即将采样管移至第二采样点继续进行采样。依次类推,按顺序在各点采样。采样过程中,采样器自动调节流量保持等速采样。

i. 采样完毕后,从烟道中小心地取出采样管,注意不要倒置。用镊子将滤筒取出,放入专用的容器中保存。

j. 保存或打印出采样数据。

④ 样品分析。采样后的滤筒放入 105 ℃烘箱中烘烤 1 h,取出放入干燥器中,在恒温恒湿的天平室中冷却至室温,用感量为 0.1 mg 的分析天平称量至恒重。采样前后滤筒质量之差,即为采取的颗粒物量。

2. 气态污染物

(1) 采样方法

① 化学法采样。

原理:通过采样管将样品抽入到装有吸收液的吸收瓶或装有固体吸附剂的吸附管、真空瓶、注射器或气袋中,样品溶液或气态样品经化学分析或仪器分析得出污染物含量。

采样系统:

烟气采样系统:由采样管、连接导管、吸收瓶或吸附管、流量计量箱和抽气泵等部件组成,见图 4.3。当流量计量箱放在抽气泵出口时,抽气泵应严密不漏气。根据流量计量和控制装置的类型,烟气采样器可分为孔板流量计采样器、累计流量计采样器和转子流量计采样器。

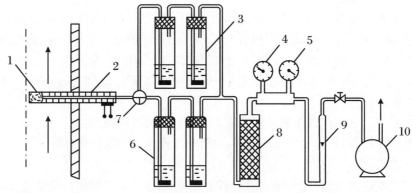

1—烟道;2—加热采样管;3—旁路吸收瓶;4—温度计;5—真空压力表;6—吸收瓶;
7—三通阀;8—干燥器;9—流量计;10—抽气泵

图 4.3　烟气采样系统

真空瓶或注射器采样系统:由采样管、真空瓶或注射器、洗涤瓶和抽气泵等组成,见图 4.4 和图 4.5。

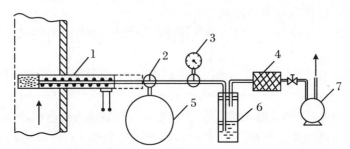

1—加热采样管;2—三通阀;3—真空压力表;4—过滤器;5—真空瓶;
6—洗涤瓶;7—抽气泵

图 4.4　真空瓶采样系统

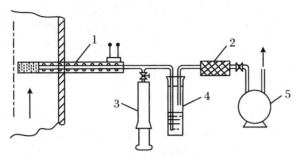

1—加热采样管;2—过滤器;3—注射器;4—洗涤瓶;5—抽气泵

图 4.5　注射器采样系统

包括有机物在内的某些污染物,在不同烟气温度下,或以颗粒物或以气态污染物的形式存在。采样前应根据污染物状态,确定采样方法和采样装置。如果是颗粒物,则按颗粒物等速采样方法采样。

② 仪器直接测试法采样。

原理:通过采样管、颗粒物过滤器和除湿器,用抽气泵将样气送入分析仪器中,直接指示被测气态污染物的含量。

采样系统:由采样管、颗粒物过滤器、除湿器、抽气泵、分析仪和校正用气瓶等部分组成,见图 4.6。

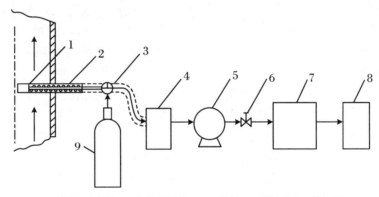

1—颗粒物过滤器;2—加热采样管;3—三通阀;4—除湿器;5—抽气泵;

6—调节阀;7—分析仪;8—记录器;9—校正用气瓶

图 4.6　仪器直接测试法采样系统

采样装置:按 GB/T 16157—1996 中 9.3 的规定。

(2) 采样步骤

① 使用烟气采样系统进行采样的步骤。

第一步,采样管的准备与安装:

a. 清洗采样管,使用前清洗采样管内部,干燥后再使用。

b. 更换滤料,当填充无碱玻璃棉或其他滤料时,充填长度为 20~40 mm。

c. 将采样管插入烟道近中心位置,进口与排气流动方向为直角。如使用入口装有斜切口套管的采样管,其斜切口应背向气流。

d. 采样管固定在采样孔上,应严密不漏气。

e. 在不采样时,采样孔要用管堵或法兰封闭。

第二步，吸收瓶或吸附管与采样管、流量计量箱的连接：

a. 吸收瓶、吸收液与吸收瓶贮存，按实验室化学分析操作要求进行准备，并用记号笔记上样品编号。

b. 如图 4.2 所示，用连接管将采样管、吸收瓶或吸附管、流量计量箱和抽气泵连接，连接管应尽可能短。

c. 采样管与吸收瓶和流量计量箱连接，应使用球形接头或锥形接头连接。

d. 准备一定量的吸收瓶，各装入规定量的吸收液，其中两个作为旁路吸收瓶使用。

e. 为防止吸收瓶磨口处漏气，可以用硅密封脂涂抹。

f. 吸收瓶和旁路吸收瓶在入口处，用玻璃三通阀连接。

g. 吸收瓶或吸附管应尽量靠近采样管出口处，当吸收液温度较高而对吸收效率有影响时，应将吸收瓶放入冷水槽中冷却。

h. 采样管出口至吸收瓶或吸附管之间的连接管要用保温材料保温，当管线较长时，要采取加热保温措施。

i. 用活性炭、高分子多孔微球作吸附剂时，如果烟气中水的体积百分数大于 3%，为了减少烟气中水对吸附剂吸附性能的影响，应在吸附管前串接气水分离装置，除去烟气中的水。

第三步，漏气检查：

a. 将各部件按图 4.3 连接。

b. 关上采样管出口三通阀，打开抽气泵抽气，使真空压力表负压上升到 13 kPa。关闭抽气泵一侧阀门，如果压力计压力在 1 min 内下降不超过 0.15 kPa，则视为系统不漏气。

c. 如发现漏气，要重新检查、安装，再次检漏，确认系统不漏气后方可采样。

第四步，采样操作：

a. 预热采样管。打开采样管加热电源，将采样管加热到所需温度。

b. 置换吸收瓶前采样管路内的空气。正式采样前，令排气通过旁路吸收瓶采样 5 min，将吸收瓶前管路内的空气置换干净。

c. 采样。接通采样管路，调节采样流量至所需流量进行采样，采样期间应保持流量恒定，波动应在 -10%～+10% 范围内。使用累计流量计采样器时，采样开始要记录累计流量计读数。

d. 采样时间视待测污染物浓度而定，但每个样品采样时间一般不少于 10 min。

e. 采样结束后，切断采样管至吸收瓶之间的气路，防止烟道负压将吸收液与空气抽入采样管。使用累计流量计采样器时，采样结束要记录累计流量计读数。

f. 样品贮存。采集的样品应放在不与被测物产生化学反应的容器内，容器要密封并注明样品号。

采样中应详细记录采样时的工况条件、环境条件和样品采集数据（采样流量、采样时间、流量计前温度、流量计前压力、累计流量计读数等）。

采样后应再次进行漏气检查，如发现漏气，应修复后重新采样。

在样品贮存过程中，如果样品中的污染物浓度随时间衰减，应在现场随时进行分析。

② 使用真空瓶或注射器采样系统进行采样的步骤。

第一步，真空瓶、注射器安装：

a. 真空瓶与注射器在安装前要进行漏气检查。真空瓶漏气检查：将真空瓶与真空压力表连接,抽气减压到绝对压力为 1.33 kPa,放置 1 h 后,如果瓶内绝对压力不超过 2.66 kPa,则视为不漏气。注射器漏气检查:用水将注射器活栓润湿后,吸入空气至刻度 1/4 处,用橡皮帽堵严进气孔,反复把活栓推进拉出几次,如果活栓每次都回到原来的位置,则可视为不漏气。

b. 在真空瓶内放入适量的吸收液,用真空泵将真空瓶减压,直至吸收液沸腾,关闭旋塞,采样前用真空压力表测量并记下真空瓶内绝对压力。

c. 取 100 mL 的洗涤瓶,内装洗涤液,如果待测气体是酸性,则装入 5 mol/L 氢氧化钠溶液;如果是碱性,则装入 3 mol/L 硫酸溶液洗涤气体。

d. 真空瓶或注射器与其他部件连接,使用球形或锥形接头连接。

e. 将真空瓶或注射器按图 4.4 和图 4.5 连接,真空瓶和注射器要尽量靠近采样管。

f. 采样系统漏气检查。堵死采样管出口端连接管,打开抽气泵抽气,至真空压力表压力升到 13 kPa 时,关上抽气泵一侧阀门,如压力表压力在 1 min 内下降不超过 0.15 kPa,则视为系统不漏气。

第二步,采样:

a. 采样前,打开抽气泵以 1 L/min 流量抽气约 5 min,置换采样系统的空气。

b. 打开真空瓶旋塞,使气体进入真空瓶,然后关闭旋塞,将真空瓶取下。使用注射器时,打开注射器阀门,抽动活栓,将气样一次抽入预定刻度,关闭注射器进口阀门,取下注射器并倒立存放。

c. 采样时记下采样的工况、环境温度和大气压力。

③ 使用仪器直接测试法进行采样的步骤。

第一步,检测仪的检定和校准:

仪器应按期送国家授权的计量部门进行检定,并根据仪器的使用频率定期进行校准。校准时使用不同浓度的标准气体,按仪器说明书规定的程序校准仪器的满挡和零点,再用仪器量程中点值附近浓度的标准气体复检。

第二步,采样系统的连接和安装:

a. 检查并清洁采样预处理器的颗粒物过滤器、除湿器和输气管路,必要时更换滤料。

b. 按照使用说明书连接采样管、采样预处理器和检测仪的气路和电路。

c. 连接管线要尽可能短,当必须使用较长管线时,应注意防止样气中水分冷凝,必要时应对管线加热。

第三步,采样和测定:

a. 将采样管置于环境空气中,接通仪器电源,仪器自检并校正零点后,自动进入测定状态。

b. 将采样管插入烟道中,将采样孔堵严使之不漏气,抽取烟气进行测定,待仪器读数稳定后即可记录(打印)测试数据。

c. 读数完毕,将采样管从烟道取出置于环境空气中,抽取干净空气直至仪器示值符合说明书要求后,将采样管插入烟道进行第二次测试。

d. 重复 b~c 步骤,直至测试完毕。

e. 测定结束后,将采样管从烟道取出置于环境空气中,抽取干净空气直至仪器示值符合说明书要求后,自动或手动关机。

3. 采样过程中注意的问题

(1) 在采样前,首先应当保证锅炉设备的正常运转和工况负荷的稳定性,锅炉的最低负荷率为70%。

（2）将采样管插入烟道中，对距离采样孔最远的采样点逐个向内进行监测，采样结束的同时，从烟道中迅速取出采样管。

（3）烟温的漂移。在开始采样时，如果发现烟气温度有明显增高现象，那么锅炉系统正处于升温阶段，工况尚不稳定；如果在测试过程中，出现烟温降低现象，可能是由炉排停止推进输煤造成的。出现上述两种情况，应当停止采样，待锅炉运行稳定后再进行。

4. 采样的质量保证

（1）采样前对采样仪器进行全面检查，并进行系统检漏实验。监测仪器必须定期检定/校准，每年还要进行期间核查和仪器间比对，在进行废气监测后，必须充分清洗监测仪器传感器。

（2）监测采样应当在锅炉运行稳定的状态下进行，并有专人负责对工况进行监督。

（3）打开烟道的采样孔，清除孔中的积灰。

（4）采样嘴不得与烟道壁碰撞，以免造成烟道壁上附着的烟尘吸入滤筒中和采样嘴变形。

（5）滤筒要用镊子小心取放并轻轻敲打前弯管，用细毛刷将附着在前弯管内的尘粒刷到滤筒中，将滤筒用纸包好，妥善保存。

（6）采样后再测量一次采样点的流速，与采样前的流速相比，相差如果大于20%，则样品作废，重新采样。

（7）每个断面采样次数不得少于3次，每个测点连续采样时间不得少于3 min，取其平均值；当烟气流速低或含尘浓度低时，可以使用较长时间采样；反之，则可以采用较短时间采样。

【监测分析方法】

1. 排气参数的测定

（1）温度：常用仪器有玻璃管水银温度计、热电偶温度计、热电阻温度计及红外测温仪等。

（2）含湿量：用重量法测定。

（3）压力：使用皮托管和压力计测量。

（4）流速：气体流速与气体动压的平方根成正比。

2. 二氧化硫的测定

采用定电位电解法。

（1）原理

抽取样品，放入主要由电解槽、电解液和电极（敏感电极、参比电极和对电极）组成的传感器中。二氧化硫通过渗透膜扩散到敏感电极表面，在敏感电极上发生氧化反应：

$$SO_2 + 2H_2O \longrightarrow SO_4^{2-} + 4H^+ + 2e^-$$

由此产生极限扩散电流（i）。在规定工作条件下，电子转移数（Z）、法拉第常数（F）、气体扩散面积（S）、扩散系数（D）和扩散层厚度（δ）均为常数，极限扩散电流（i）的大小与二氧化硫浓度（C）成正比，所以可由极限扩散电流（i）来测定二氧化硫浓度（C）：

$$i = \frac{Z \cdot F \cdot S \cdot D}{\delta} \times C \tag{4.2}$$

（2）定电位电解法二氧化硫测定仪组成

分析仪（含气体流量计和控制单元、抽气泵、传感器等）、采样管（含滤尘装置、加热及保温装置）、导气管、除湿装置、便携式打印机等。

（3）干扰与消除

待测气体中的颗粒物、水分和三氧化硫等易在传感器渗透膜表面凝结并造成传感器损坏，影响测定；应采用滤尘装置、除湿装置、滤雾器等进行滤除，消除影响。氨、硫化氢、氯化氢、氟化氢、二氧化氮等对样品测定会产生一定干扰，可采用磷酸吸收、乙酸铅棉吸附、气体过滤器滤除等措施减小干扰。一氧化碳干扰显著，测定样品时要同时测定一氧化碳浓度。一氧化碳浓度不超过 50 μmol/mol 时，可用《固定污染源排气中二氧化硫的测定　定位电解法》中的方法测定样品。一氧化碳浓度超过 50 μmol/mol 时，应开展一氧化碳干扰实验；在干扰实验确定的二氧化硫浓度最高值和一氧化碳浓度最高值范围内，方可用此方法测定样品。

二氧化硫浓度计算结果应准确到小数点后第三位。

3. 氮氧化物的测定

采用盐酸萘乙二胺分光光度法。

（1）原理

大气中的氮氧化物主要是一氧化氮和二氧化氮。在测定氮氧化物浓度时，应先用三氧化铬将一氧化氮氧化成二氧化氮。二氧化氮被吸收液吸收后，生成亚硝酸和硝酸，其中亚硝酸与对氨基苯磺酸发生重氮化反应，再与盐酸萘乙二胺偶合，生成玫瑰红色偶氮染料，据其颜色深浅，用分光光度法定量。因为 NO_2（气）转变为 NO_2（液）的转换系数为 0.76，故在计算时应除以 0.76。

（2）标准曲线的绘制

取 7 支 10 mL 具塞比色管，按数据配制标准色列。溶液摇匀，避开阳光直射放置 15 min，在 540 nm 波长处，用 1 cm 比色皿，以水为参比，测定吸光度。以吸光度为纵坐标，相应的标准溶液中 NO_2 含量为横坐标，绘制标准曲线。

（3）采样

将一支内装 5.00 mL 吸收液的多孔玻板吸收管进气口接三氧化铬-砂子氧化管，并使管口略微向下倾斜，以免当湿空气将三氧化铬弄湿时污染后面的吸收液。将吸收管的出气口与空气采样器相连接。以 0.2～0.3 L/min 的流量避光采样至吸收液呈微红色为止，记下采样时间，密封好采样管，带回实验室，当日测定。若吸收液不变色，应延长采样时间，采样量应不少于 6 L。在采样的同时，应测定采样现场的温度和大气压力，并做好记录。

（4）样品的测定

采样后，放置 15 min，将样品溶液移入 1 cm 比色皿中，按绘制标准曲线的方法和条件测定试剂空白溶液和样品溶液的吸光度。若样品溶液的吸光度超过标准曲线的测定上限，可用吸收液稀释后再测定吸光度。计算结果应乘以稀释倍数。

（5）计算

$$\text{氮氧化物浓度}(NO_2, mg/m^3) = [(A - A_0)/b]/(0.76\ V_n) \tag{4.3}$$

式中，A 为样品溶液的吸光度；A_0 为试剂空白溶液的吸光度；$1/b$ 为标准曲线斜率的倒数，即单位吸光度对应的 NO_2 毫克数；V_n 为标准状态下的采样体积，L；0.76 为 NO_2（气）转换为 NO_2（液）的系数。

4. 烟气黑度的测定——林格曼烟气黑度图法

林格曼黑度级数:评价烟羽黑度的一种数值,由肉眼观测的烟羽黑度与林格曼烟气黑度图对比得到。

林格曼烟气黑度图:标准的林格曼烟气黑度图由 14 cm×21 cm 的不同黑度的图片组成。除全白与全黑分别代表林格曼黑度 0 级和 5 级外,其余 4 个级别是根据黑色条格占整块面积的百分数来确定的,黑色条格的面积占 20% 为 1 级,占 40% 为 2 级,占 60% 为 3 级,占 80% 为 4 级。

(1) 原理

把林格曼烟气黑度图放在适当的位置上,将烟气的黑度与图上的黑度相比较,由具有资质的观察者用目视观察来测定固定污染源排放烟气的黑度。

(2) 观测方法

观察烟气的部位应选择在烟气黑度最大的地方,该部位应没有冷凝水蒸气存在。观察时,将烟囱排出烟气的黑度与林格曼烟气黑度图进行比较,记下烟气的林格曼黑度级数。如果烟气黑度处于两个林格曼黑度级数之间,可估计一个 0.5 或 0.25 林格曼黑度级数。每分钟观测 4 次,观察者不宜一直盯着烟气观测,而应看几秒然后停几秒,每次观测(包括观看和间歇时间)约 15 s,连续观测烟气黑度的时间不少于 30 min。

观察混有冷凝水汽的烟气。当烟囱出口处的烟气中有可见的冷凝水汽存在时,应选择在离开烟囱口一段距离,看不到水汽的部位观察。

观察含有水蒸气的烟气。当烟气中的水蒸气在离开烟囱出口的一段距离后,冷凝并且变为可见时,应选择在烟囱口附近水蒸气尚未形成可见的冷凝水的部位观察。

观察烟气宜在比较均匀的天空照明下进行。如在阴天的情况下观察,由于天空背景较暗,在读数时应根据经验取稍偏低的级数(减去 0.25 级或 0.5 级)。

① 现场情况记录。观察者应按现场观测数据记录表格的要求,填写观测日期、被测单位、设备名称、净化设施等内容,并将烟囱距观测点的距离、烟囱位于观测点的方向、风向和风速、天气状况以及烟羽背景的情况逐一填入表内。

② 现场观测记录。烟气黑度的观测值,按规定,每观测 15 s 记录一个读数,填入观测记录表格。每个读数都应反映 15 s 内黑度的平均值。连续观测烟气黑度的时间为 30 min,在此期间进行 120 次观测,记录 120 个读数。对于烟气排放十分稳定的污染源,可酌情减少观测频次,每分钟观测 2 次,每 30 s 记录一个读数,连续观测 30 min,在此期间进行 60 次观测,记录 60 个读数。

(3) 计算

按林格曼黑度级数将观测值分级,分别统计每一黑度级数出现的累计次数和时间。除了在观测过程中出现 5 级林格曼黑度时,烟气黑度按 5 级计,不必继续观测外,其他情况都必须连续观测 30 min。分别统计每一黑度级数出现的累计时间,烟气黑度按 30 min 内出现累计时间超过 2 min 的最大林格曼黑度级计。

按以下顺序和原则确定烟气黑度级数:

林格曼黑度 5 级:30 min 内出现 5 级林格曼黑度时,烟气的林格曼黑度按 5 级计。

林格曼黑度 4 级:30 min 内出现 4 级及以上林格曼黑度的累计时间超过 2 min 时,烟气的林格曼黑度按 4 级计。

林格曼黑度 3 级:30 min 内出现 3 级及以上林格曼黑度的累计时间超过 2 min 时,烟气的林格曼黑度按3级计。

林格曼黑度2级:30 min内出现2级及以上林格曼黑度的累计时间超过2 min时,烟气的林格曼黑度按2级计。

林格曼黑度1级:30 min内出现1级及以上林格曼黑度的累计时间超过2 min时,烟气的林格曼黑度按1级计。

林格曼黑度<1级:30 min内出现小于1级林格曼黑度的累计时间超过28 min时,烟气的林格曼黑度按<1级计。

5. 锅炉颗粒物的测定

测定原理为用抽气动力抽取一定体积的空气通过已恒重的滤膜,则空气中的悬浮颗粒物被阻留在滤膜上,根据采样前后滤膜质量之差及采样体积,即可计算TSP的质量浓度。滤膜经处理后,可进行化学组分分析。

根据采样流量的不同,分为大流量采样法和中流量采样法。使用大流量采样器连续采样24 h计算TSP浓度。

按照技术规范要求,每月应用孔板校准器或标准流量计对采样器流量进行校准。孔板校准器是一段内径7.6 cm,长15.9 cm的金属管,在距离管进气口5.1 cm处有一测压口,另一端用螺母与采样器入口相接,在接口处可通过密封垫圈装入不同规格的气阻板。有的流量计设有流量记录器,可直接记录采气流量。还应注意,每张玻璃纤维滤膜在使用前均要用光照检查,不得使用有针孔或其他缺陷的滤膜采样。中流量采样法使用中流量采样器,所用滤膜直径较大流量采样法小,采样和测定方法同大流量采样法。

6. 汞及其化合物测定——冷原子吸收光谱法

汞蒸气对波长为253.7 nm的光有选择性吸收,在一定温度范围内,吸光度与汞浓度成正比。水样经消化后,将各种形态汞全部转化为二价汞离子。过量氧化剂用盐酸羟胺还原,再用氯化亚锡将汞离子还原为单质汞。在室温用载气输送汞蒸气,用冷原子测汞仪在253.7 nm处测吸光度,根据吸光度与浓度的关系进行定量。

测定要点如下:

(1)水样预处理

在硫酸-硝酸介质中,加入高锰酸钾和过硫酸钾溶液消解水样,也可以用溴酸钾-溴化钾混合试剂在酸性介质中于20 ℃以上室温消解水样。过剩的氧化剂在临测定前用盐酸羟胺溶液还原。

(2)绘制标准曲线

依照水样介质条件,配制系列汞标准溶液($HgCl_2$)。分别吸取适量汞标准溶液于还原瓶内,加入氯化亚锡溶液,迅速通入载气,记录表头的最高指示值或记录仪上的峰值。以经过空白校正的各测量值(吸光度)为纵坐标,相应标准溶液的汞浓度为横坐标,绘制出标准曲线。

(3)水样的测定

取适量处理好的水样于还原瓶中,按照标准溶液测定方法测其吸光度,经空白校正后,从标准曲线上查得汞浓度,再乘以样品的稀释倍数,即得水样中汞浓度。

表4.3是固定污染源部分废气污染物监测分析方法。

表 4.3　固定污染源部分废气污染物监测分析方法

序号	监测项目	方法标准名称	方法标准编号
1	二氧化硫	《固定污染源排气中二氧化硫的测定　碘量法》	HJ/T 56
		《固定污染源排气中二氧化硫的测定　定电位电解法》	HJ/T 57
2	氮氧化物	《固定污染源排气中氮氧化物的测定　紫外分光光度法》	HJ/T 42
		《固定污染源排气中氮氧化物的测定　盐酸萘乙二胺分光光度法》	HJ/T 43
3	氯化氢	《固定污染源排气中氯化氢的测定　硫氰酸汞分光光度法》	HJ/T 27
4	硫酸雾	《硫酸浓缩尾气　硫酸雾的测定　铬酸钡比色法》	GB 4920
5	氟化物	《固定污染源排气　氟化物的测定　离子选择电极法》	HJ/T 67
6	氯气	《固定污染源排气中氯气的测定　甲基橙分光光度法》	HJ/T 30
7	氰化氢	《固定污染源排气中氰化氢的测定　异烟酸-吡唑啉酮分光光度法》	HJ/T 28
8	光气	《固定污染源排气中光气的测定　苯胺紫外分光光度法》	HJ/T 31
9	沥青烟	《固定污染源排气中沥青烟的测定　重量法》	HJ/T 45
10	一氧化碳	《固定污染源排气中一氧化碳的测定　非色散红外吸收法》	HJ/T 44
11	颗粒物	《固定污染源排气中颗粒物测定与气态污染物采样方法》（奥氏气体分析仪法）	GB/T 16157
		《固定污染源排气中颗粒物测定与气态污染物采样方法》	GB/T 16157
		《固定污染源排放　低浓度颗粒物（烟尘）质量浓度的测定　手工重量法》	ISO 12141
12	石棉尘	《固定污染源排气中石棉尘的测定　镜检法》	HJ/T 41
13	饮食业油烟	《饮食业油烟排放标准（试行）》	GB 18483
14	镉及其化合物	《大气固定污染源　镉的测定　火焰原子吸收分光光度法》	HJ/T 64.1
		《大气固定污染源　镉的测定　石墨炉原子吸收分光光度法》	HJ/T 64.2
		《大气固定污染源　镉的测定　对-偶氮苯重氮氨基偶氮苯磺酸分光光度法》	HJ/T 64.3
15	镍及其化合物	《大气固定污染源　镍的测定　火焰原子吸收分光光度法》	HJ/T 63.1
		《大气固定污染源　镍的测定　石墨炉原子吸收分光光度法》	HJ/T 63.2
		《大气固定污染源　镍的测定　丁二酮肟-正丁醇萃取分光光度法》	HJ/T 63.3

序号	监测项目	方法标准名称	方法标准编号
16	锡及其化合物	《大气固定污染源　锡的测定　石墨炉原子吸收分光光度法》	HJ/T 65
17	铬酸雾	《固定污染源排气中铬酸雾的测定　二苯基碳酰二肼分光光度法》	HJ/T 29
18	氯乙烯	《固定污染源排气中氯乙烯的测定　气相色谱法》	HJ/T 34
19	非甲烷总烃	《固定污染源排气中非甲烷总烃的测定　气相色谱法》	HJ/T 38
20	甲醇	《固定污染源排气中甲醇的测定　气相色谱法》	HJ/T 33

【质量保证和质量控制】

1. 仪器的检定和校准

属于国家强制检定目录内的工作计量器具,必须按期送计量部门检定,检定合格,取得检定证书后方可用于监测工作。排气温度测量仪表、斜管微压计、空盒大气压力计、真空压力表(压力计)、转子流量计、干式累积流量计、采样管加热温度、分析天平、采样嘴、皮托管等至少半年自行校正一次。校正方法按 GB/T 16157—1996 中第 12 章执行。定电位电解法烟气(SO_2、NO_x、CO)测定仪,应根据仪器使用频率,每 3 个月至半年校准一次。在使用频率较高的情况下,应增加校准次数。用仪器量程中点值附近浓度的标准气校准,若仪器示值偏差在 $-5\%\sim+5\%$ 范围内,则为合格。测氧仪至少每季度检查校验一次,使用高纯氮检查其零点,用干净的环境空气应能调整其示值为 20.9%(在高原地区应按照当地空气含氧量标定)。定电位电解法烟气测定仪和测氧仪的电化学传感器寿命一般为 1～2 年,若发现传感器性能明显下降或已失效,则要及时更换传感器,送计量部门重新检定后方可使用。自动烟尘采样仪和含湿量测定装置的温度计、电子压差计、流量计应定期进行校准。

2. 监测仪器设备的质量检验

监测仪器设备的质量应达到相关标准的规定,烟气采样器的技术要求见 HJ/T 47—1999,烟尘采样器的技术要求见 HJ/T 48—1999。对微压计、皮托管和烟气采样系统进行气密性检验,按 GB/T 16157—1996 中 5.2.2.3 进行检漏。当系统漏气时,应再分段检查、堵漏或重新安装采样系统,直到检验合格。空白滤筒称量前应检查外表有无裂纹、孔隙或破损,有则应更换滤筒,如果滤筒有挂毛或碎屑,应清理干净。当用刚玉滤筒采样时,滤筒在空白称重前,要用细砂纸将滤筒口磨平整,以保证滤筒安装后的气密性。应严格检查皮托管和采样嘴,发现变形或损坏的不能使用。气态污染物采样,要根据被测成分的存在状态和特性,选择合适的采样管、连接管和滤料。采样管材质应不吸收且不与待测污染物起化学反应,不会被排气成分腐蚀,能在排气温度和气流下保持足够的机械强度。滤料应选择不吸收且不与待测污染物起化学反应的材料,并能耐受高温排气。连接管应选择不吸收且不与待测污染物起化学反应,便于连接与密封的材料。吸收瓶应严密不漏气,多孔筛板吸收瓶鼓泡要均匀,在流量为 0.5 L/min 时,其阻力应在(5±0.7)kPa。

3．现场监测的质量保证

（1）排气参数的测定

监测期间应有专人负责监督工况，污染源生产设备、治理设施应处于正常的运行工况，其工况条件应满足相应规定。在进行排气参数测定和采样时，打开采样孔后应仔细清除采样孔短接管内的积灰，再插入测量仪器或采样探头，并严密堵住采样孔周围缝隙以防止漏气；排气温度测定时，应将温度计的测定端插入管道中心位置，待温度指示值稳定后读数，不允许将温度计抽出管道外读数；排气水分含量测定时，采样管前端应装有颗粒物过滤器，采样管应有加热保温措施。应对系统的气密性进行检查。对于直径较大的烟道，应将采样管尽量深地插入烟道，减少采样管外露部分，以防水汽在采样管中冷凝，造成测定结果偏低。用奥氏气体分析仪测定烟气成分时，必须按 CO、O、CO 的顺序进行测定，操作过程应防止吸收液和封闭液窜入梳形管中。排气压力测定时，事先要将仪器调整水平，检查微压计液柱内有无气泡，液面调至零点；对皮托管、微压计和系统进行气密性检查；使用微压计或电子压差计测定排气压力时，应首先进行零点校准。测定排气压力时皮托管的全压孔要正对气流方向，偏差不得超过 $10°$。

（2）颗粒物的采样

颗粒物的采样必须按照等速采样的原则进行，尽可能使用微电脑自动跟踪采样仪，以保证等速采样的精度，减少采样误差；采样位置应尽可能选择气流平稳的管段，采样断面最大流速与最小流速之比不宜大于 3，以防仪器的响应跟不上流速的变化，影响等速采样的精度；在湿式除法除尘或脱硫器出口采样，采样孔位置应避开烟气含水（雾）滴的管段；采样系统在现场连接安装好以后，应对其进行气密性检查，发现问题及时解决；采样嘴应先背向气流方向插入管道，采样时采样嘴要对准气流方向，偏差不得超过 $10°$。采样结束，应先将采样嘴背向气流，迅速抽出管道，防止管道负压将尘粒倒吸；锅炉颗粒物采样，要多点采样，原则上每点采样时间不少于 3 min，各点采样时间应相等，或每台锅炉测定时所采集样品累计的总采气量不少于 1 m^3，取其平均值。每次采样，至少采集 3 个样品，滤筒在安放和取出采样管时，应使用镊子，不得直接用手接触，避免损坏和沾污，若不慎有脱落的滤筒碎屑，要收齐放入滤筒中；滤筒安放要压紧固定，防止漏气；采样结束，从管道抽出采样管时不得倒置，取出滤筒后，轻轻敲打前弯管并用毛刷将附在管内的尘粒刷入滤筒中，将滤筒上口内折封好，放入专用容器中保存，注意在运送过程中切不可倒置。在采集硫酸雾、铬酸雾等样品时，由于雾滴极易黏附在采样嘴和弯管内壁，且很难脱离，采样前应将采样嘴和弯管内壁清洗干净，采样后用少量乙醇冲洗采样嘴和弯管内壁，合并在样品中，尽量减少样品损失，保证采样的准确性。在采集多环芳烃和二噁英类时，采样管材质应为硼硅酸盐玻璃、石英玻璃或钛金属合金，宜使用石英滤筒/膜，采样后滤筒/膜不可烘烤。用手动采样仪采样过程中，要经常检查和调整流量，普通型采样管法采样前后应重复测定废气流速，当采样前后流速变化大于 20% 时，样品作废，重新采样；当采集高浓度颗粒物时，发现测压孔或采样嘴被尘粒堵塞时，应及时清除；为保证监测质量，测定低浓度颗粒物宜采用 ISO 12141 方法。

（3）气态污染物的采样

废气采样时，应对废气被测成分的存在状态和特性及可能造成误差的各种因素（吸附、冷凝、挥发等）进行综合考虑，来确定适宜的采样方法（包括采样管和滤料材质的选择、采样体积、采样管和导管加热保温措施等）。采集废气样品时，采样管进气口应靠近管道中心位置，连接采样管与吸收瓶的导管应尽可能短，必要时要用保温材料保温。采样前，在采样系统连接好以后,应对采样系统进行气密性检查,如发现漏气应分段检查,找出问题,及时解决。使用烟气采样系统采样时,吸收装置应尽可能靠近采样管出口,采样前使排气通过旁路5 min,将吸收瓶前管路内的空气彻底置换;采样期间保持流量恒定,波动不大于10%;采样结束,应先切断采样管至吸收瓶之间的气路,以防管道负压造成吸收液倒吸。用碘量法测定烟气二氧化硫时,要使用加热采样管(加热温度为120 ℃)采样,用冰浴或冷水浴控制吸收瓶吸收液温度,以提高吸收效率。对湿法脱硫装置进行脱硫效率的测定时,应在正常运行条件下进行,同时测定洗涤液的 pH。在记录脱硫效率测定结果时,应注明洗涤液的 pH。采样结束后,立即封闭样品吸收瓶或吸附管两端,尽快送往实验室进行分析。在样品运送和保存期间,应注意避光和控温。用便携式仪器直接监测烟气中污染物时,为了防止采样气体中水分在连接管和仪器中冷凝从而干扰测定,输气管路应加热保温,配置烟气预处理装置,对采集的烟气进行过滤、除湿和气液分离。除湿装置应使除湿后气体中被测污染物的损失不大于5%。用便携式烟气分析仪对烟气二氧化硫、氮氧化物等测试时,应选择抗负压能力大于烟道负压的仪器,否则会使仪器采样流量减小,测试浓度值将偏低,甚至测不出来。用定电位电解法烟气分析仪对烟气二氧化硫、氮氧化物等测试时,应在仪器显示浓度值变化趋于稳定后读数,读数完毕将采样探头取出,置于环境空气中,清洗传感器至仪器读数在20 mg/m³ 以下时,再将采样探头插入烟道进行第二次测试。在测试完全结束后,应将仪器置于干净的环境空气中,继续抽气吹扫传感器,直至仪器示值符合说明书要求后再关机。用定电位电解法烟气分析仪进行烟气监测时,仪器应一次开机直至测试完全结束,中途不能关机或重新启动,以免仪器零点变化影响测试的准确性。

4. 实验室分析质量保证

属于国家强制检定目录内的实验室分析仪器及设备必须按期送计量部门检定,检定合格,取得检定证书后方可用于样品分析工作。分析用的各种试剂和纯水的质量必须符合分析方法的要求。应使用经国家计量部门授权生产的有证标准物质进行量值传递。标准物质应按要求妥善保存,不得使用超过有效期的标准物质。送实验室的样品应及时分析,否则要按各项目的要求保存,并在规定的期限内分析完毕。每批样品至少应做一个全程空白样,实验室内进行质控样、平行样或加标回收样品的测定。滤筒/膜的称量应在恒温恒湿的天平室中进行,应保持采样前和采样后称量条件一致。

 思考题

(1) 本监测方案中,基础资料收集应该包含哪些内容?

(2) 圆形、矩形、方形烟囱具体的采样布点要求是什么?

(3) 请补充案例中冷原子吸收分光光度法测定汞的方法和原理。

案例 5　室内空气污染物监测

为了预防和控制民用建筑工程中主体材料和装饰装修材料产生的室内环境污染，保障公众健康，维护公共利益，国家颁布了《民用建筑工程室内环境污染物控制标准》（GB 50325—2020）。该标准规定，民用建筑工程验收时，应抽检每个建筑单体有代表性房间的室内环境污染物浓度。因此，×民用建筑竣工后，特委托×检测机构对其室内环境污染物浓度进行验收监测。

【监测目的】

对民用建筑竣工验收室内环境污染物进行监测。

【背景资料】

×公司新建建筑分为裙楼和塔楼，主要是商业用途，为Ⅱ类民用建筑。根据×公司提供的工程平面图和验收标准，本工程裙楼为毛坯房验收，塔楼为装修房验收。×栋裙楼为商业用途。房间面积小于 50 m² 的房间总数为 32 间。房间面积在 50～100 m² 的房间总数为 28 间。房间面积在 100～500 m² 的房间总数为 11 间。房间面积在 500～1000 m² 的房间总数为 2 间。×栋塔楼 3～25 层，每层 8 户，共 184 户。套内房间面积均小于 50 m²，房间总数为 1012 间。

【监测项目】

本工程裙楼以毛坯房形式竣工验收，塔楼以装修房形式竣工验收。室内环境污染物浓度监测项目为氡、氨、甲醛、苯、甲苯、二甲苯和 TVOC。

【采样布点】

采样点数量根据室内面积大小和现场情况而确定，以期能正确反映室内空气污染物的水平。原则上小于 50 m² 的房间应设 1～3 个点；50～100 m² 设 3～5 个点；100～500 m² 不少于 3 个点；500～1000 m² 不少于 5 个点；1000 m² 以上，每增加 1000 m² 增加 1 个点，不足 1000 m² 按照 1000 m² 进行计算。在对角线上或梅花式均匀分布。

采样点应避开通风口，离墙壁距离应大于 0.5 m。采样点的高度，原则上与人的呼吸带高度一致。相对高度为 0.8~1.5 m。

【采样】

1. 采样时间和频率

在民用建筑工程室内环境中,检测甲醛、苯、氨、TVOC 浓度时,对于采用集中空调的民用建筑工程,应在空调正常运转条件下进行;对于采用自然通风的民用建筑工程,检测应在对外门窗关闭 1 h 后进行。门窗的关闭指自然关闭状态,不是指刻意采取的严格密封措施。在对甲醛、氨、苯、TVOC 取样检测时,装饰装修工程中完成的固定式家具(如固定壁柜、台、床等),应保持正常使用状态(如家具门正常关闭等)。检测民用建筑工程室内环境中的氡浓度时,对于采用集中空调的民用建筑工程,应在空调正常运转条件下进行;对于采用自然通风的民用建筑工程,检测应在对外门窗关闭 24 h 后进行。对于累积式测氡仪器,在被测房间对外门窗已关闭 24 h 后,取样检测时间保证大于仪器的读数响应时间(一般连续氡检测仪的读数响应时间在 45 min 左右)。人员进出房间取样时,关闭门的时间要尽可能短,取样点离开门窗的距离要适当远一点。

2. 采样方法和采样仪器

根据污染物在室内空气中的存在状态,选用合适的采样方法和仪器。具体采样方法应按各个污染物检验方法中规定的方法和操作步骤进行。

根据《民用建筑工程室内环境污染物控制标准》(GB 50325—2020)规定,民用建筑工程验收时,应抽检每个建筑单体有代表性房间的室内环境污染物浓度,氡、甲醛、氨、苯、TVOC 的抽检数量不得少于房间总数的 5%,每个建筑单体不得少于 3 间;当房间总数少于 3 间时,应全数检测。样板间检测合格,同一装饰装修房间设计类型的房间抽检量可减半,但不得低于 3 间。一般住宅建筑的有门卧室、有门厨房、有门卫生间及厅等均可理解为自然间,作为基数参与抽检比例计算。

根据甲方提供的工程平面图和验收标准,本工程裙楼为毛坯房验收,塔楼(住宅)为装修房验收。按规范要求,本次室内环境污染物浓度监测点数设置如下:

(1) ×栋裙楼

×栋裙楼主要是商业用途,为 II 类民用建筑。

① 房间面积小于 50 m² 的房间总数为 32 间,按规范要求选取 2 间房进行检测,监测点数为 2 个。

② 房间面积在 50~100 m² 的房间总数为 28 间,按规范要求选取 2 间房进行检测,监测点数为 4 个。

③ 房间面积在 100~500 m² 的房间总数为 11 间,按规范要求选取 1 间房进行检测,监测点数为 3 个。

④ 房间面积在 500~1000 m² 的房间总数为 2 间,按规范要求选取 1 间房进行检测,监测点数为 5 个。

因此,×栋裙楼的室内污染物浓度监测点数合计为 14 个。

(2) ×栋塔楼

3~25 层,每层 8 户,共 184 户。套内房间面积均小于 50 m²,房间总数为 1012 间,按规范要求选取 51 间房进行检测,监测点数为 51 个。

因此，×栋塔楼室内污染物浓度监测点数为 51 个。

【监测分析方法】

室内空气中各监测项目的测定方法见表 5.1。

表 5.1　室内空气中各监测项目的测定方法

序号	污染物	测定方法
1	氨	纳氏试剂分光光度法
2	甲醛	酚试剂分光光度法
3	苯	气相色谱法
4	甲苯	气相色谱法
5	二甲苯	气相色谱法
6	TVOC	气相色谱法
7	氡	径迹蚀刻法

1. 空气中甲醛的测定方法——酚试剂分光光度法

（1）测定原理

甲醛与酚试剂反应生成嗪(含有一个或几个氮原子的不饱和六元杂环化合物的总称)，在高铁离子(本法氧化剂选用硫酸铁铵)存在下，嗪在酸性溶液中被高铁离子氧化形成蓝绿色化合物，根据颜色深浅，比色测定。

（2）采样

具体采样方法如下：用一个内装 5 mL 吸收液(称取 0.10 g 酚试剂(3-甲基-苯并噻唑腙，$C_6H_4SN(CH_3)C:NNH_2 \cdot HCl$，简称 MBTH)，溶于水中，稀释至 100 mL，即为吸收原液，贮于棕色瓶中，放入冰箱，可稳定 3 d。采样时，量取 5 mL 上述溶液，加 95 mL 水，即为吸收液)的大型气泡吸收管以 0.5 L/min 的流量，采气 10 L。

（3）测定

标准曲线的绘制：取 8 支 10 mL 比色管，加入不同量的甲醛标准溶液(量取 10 mL 36%～38%甲醛，用水稀释至 500 mL，用碘量法标定甲醛溶液的浓度。使用时，先用水稀释成每毫升含 10 μg 甲醛的溶液。然后立即吸取 10.00 mL 此稀释液于 100 mL 容量瓶中，加 5 mL 吸收原液，再用水稀释至标线。此溶液每毫升含 1 μg 甲醛。放置 30 min 后，用来配制标准色列。此标准溶液可稳定 24 h。甲醛溶液要进行标定)和吸收液，配制标准色列；在各管中加入 0.40 mL 1%硫酸铁铵溶液(称取 1.0 g 硫酸铁铵，用 0.1 mol/L 盐酸溶液溶解，并稀释至 100 mL)，摇匀。放置 15 min 后，用 1 cm 比色皿，于波长 630 nm 处，以水为参比，测定吸光度。以吸光度对甲醛含量(μg)，绘制标准曲线 $Y = bX + a$。

将样品溶液移入比色管中，用少量吸收液洗涤吸收管，洗涤液并入比色管使总体积为 5 mL。

（4）数据计算

根据以下公式计算甲醛浓度：

$$C_{甲醛} = [(A - A_0) - a]/(b \cdot V_r) \tag{5.1}$$

式中，A 为样品溶液吸光度；A_0 为试剂空白液吸光度；b 为回归方程式的斜率；a 为回归方程式的截距；V_r 为换算成参比状态下的采样体积，L。

2. 室内空气中苯的测定方法

（1）测定原理

空气中苯用活性炭管采集，然后用二硫化碳提取出来。用氢火焰离子化检测器的气相色谱仪分析，以保留时间定性，峰高定量。

干扰和排除：空气中水蒸气或水雾量太大，在碳管中凝结时，严重影响活性炭的穿透容量和采样效率。空气湿度在 90% 时，活性炭管的采样效率仍然符合要求。空气中虽有其他污染物干扰，但由于采用了气相色谱分离技术，选择合适的色谱分离条件可以消除。采样量为 20 L 时，用 1 mL 二硫化碳提取，进样 1 μL，测定范围为 0.05～10 mg/m³。

（2）采样

活性炭采样管：向长为 150 mm、内径为 3.5～4.0 mm、外径为 6 mm 的玻璃管中，装入 100 mg 椰子壳活性炭，两端用少量玻璃棉固定。装好管后再用纯氮气于 300～350 ℃ 温度条件下吹 5～10 min，然后套上塑料帽封紧管的两端。此管放于干燥器中可保存 5 d。若将玻璃管熔封，此管可稳定 3 个月。

空气采样器：流量范围为 0.2～1 L/min，流量稳定。使用时用皂膜流量计校准采样系统采样前和采样后的流量。

在采样地点打开活性炭采样管，两端孔径至少 2 mm，与空气采样器入气口垂直连接，以 0.5 L/min 的速度，抽取 20 L 空气。采样后，将管的两端套上塑料帽，并记录采样时的温度和大气压力。样品可保存 5 d。

（3）分析

① 色谱分析条件。因为色谱分析条件常因实验条件的不同而有差异，所以应根据所用气相色谱仪的型号和性能，制定能分析苯的最佳的色谱分析条件。

② 绘制标准曲线和测定计算因子。在与样品分析相同的条件下，绘制标准曲线和测定计算因子。

③ 用标准溶液绘制标准曲线。于 5.0 mL 容量瓶中，先加入少量二硫化碳，用 1 μL 微量注射器准确取一定量的苯（20 ℃ 时，1 μL 苯有 0.8787 mg）注入容量瓶中，加二硫化碳至刻度，配成一定浓度的贮备液。临用前取一定量的贮备液用二硫化碳逐级稀释成苯含量分别为 2.0 μg/mL、5.0 μg/mL、10.0 μg/mL、50.0 μg/mL 的标准溶液。取 1 μL 标准溶液进样，测量保留时间及峰高。每个浓度重复 3 次，取峰高的平均值。分别以 1 μL 苯的含量（μg/mL）为横坐标（μg），平均峰高为纵坐标（mm），绘制标准曲线。并计算回归线的斜率，以斜率的倒数 Bs（μg/mm）作为样品测定的计算因子。

④ 样品分析。将采样管中的活性炭倒入具塞刻度试管中，加 1.0 mL 二硫化碳，塞紧管塞，放置 1 h，并不时振摇。取 1 μL 进样，用保留时间定性，用峰高（mm）定量。每个样品做 3 次分析，求峰高的平均值。同时，取一个未经采样的活性炭采样管按样品管同时操作，测量空白管的平均峰高（mm）。

（4）结果计算

将采样体积按下式换算成标准状态下的采样体积：

$$V_0 = VT_0P/(TP_0) \tag{5.2}$$

式中，V_0 为换算成标准状态下的采样体积，L；V 为采样体积，L；T_0 为标准状态的绝对温度，273 K；T 为采样时采样点现场的温度（t）与标准状态的绝对温度之和，$(t+273)$K；P_0 为标准状态下的大气压力，101.3 kPa；P 为采样时采样点的大气压力，kPa。

空气中苯浓度按下式计算：

$$C = (h - h') \cdot Bs/(V_0 \cdot Es) \tag{5.3}$$

式中，C 为空气中苯或甲苯、二甲苯的浓度，mg/m^3；h 为样品峰高的平均值，mm；h' 为空白管的峰高，mm；Bs 为由回归线得到的计算因子，$\mu g/mm$；Es 为由实验确定的二硫化碳提取的效率；V_0 为标准状况下的采样体积，L。

3. 室内空气中 TVOC 的测定方法

（1）测定原理

选择合适的吸附剂（Tenax GC 或 Tenax TA），用吸附管采集一定体积的空气样品，空气流中的挥发性有机化合物保留在吸附管中。采样后，将吸附管加热，解吸挥发性有机化合物，待测样品随惰性载气进入毛细管气相色谱仪。用保留时间定性，用峰高或峰面积定量。

干扰和排除：采样前处理和活化采样管与吸附剂，使干扰减到最小；选择合适的色谱柱和分析条件，本法能将多种挥发性有机物分离，使共存物干扰问题得以解决。适用于浓度范围为 $0.5 \sim 100$ mg/m^3 的空气中 VOC 的测定。

分析过程中使用的试剂应为色谱纯；如果为分析纯，需经纯化处理，保证色谱分析无杂峰。VOC：为了校正浓度，需用 VOC 作为基准试剂，配成所需浓度的标准溶液或标准气体，然后采用液体外标法或气体外标法将其定量注入吸附管。稀释溶剂：液体外标法所用的稀释溶剂应为色谱纯，在色谱流出曲线中应与待测化合物分离。吸附剂：使用的吸附剂粒径为 $0.18 \sim 0.25$ mm（$60 \sim 80$ 目），吸附剂在装管前都应在其最高使用温度下，用惰性气流加热活化处理过夜。为了防止二次污染，吸附剂应在清洁空气中冷却至室温，贮存和装管。解吸温度应低于活化温度。由制造商装好的吸附管使用前也要活化处理。

（2）采样

吸附管是外径为 6.3 mm、内径为 5 mm、长为 90 mm 内壁抛光的不锈钢管，吸附管的采样入口一端有标记。吸附管可以装填一种或多种吸附剂，应使吸附层处于解吸仪的加热区。根据吸附剂的密度，吸附管中可装填 $200 \sim 1000$ mg 的吸附剂，管的两端用不锈钢网或玻璃纤维毛堵住。如果在一支吸附管中使用多种吸附剂，吸附剂应按吸附能力增加的顺序排列，并用玻璃纤维毛隔开，吸附能力最弱的装填在吸附管的采样入口端。

采样泵：恒流空气个体采样泵，流量范围为 $0.02 \sim 0.5$ L/min，流量稳定。使用时用皂膜流量计校准采样系统采样前和采样后的流量。流量误差应小于 5%。

将吸附管与采样泵用塑料或硅橡胶管连接。个体采样时，采样管垂直安装在呼吸带；固定位置采样时，选择合适的采样位置。打开采样泵，调节流量，以保证在适当的时间内获得所需的采样体积（$1 \sim 10$ L）。如果总样品量超过 1 mg，采样体积应相应减少。记录采样开始和结束时的时间、采样流量、温度和大气压力。采样后将管取下，密封管的两端或将其放入可密封的金属或玻璃管中。样品可保存 14 d。

（3）分析

将吸附管安装在热解吸仪上加热，使有机蒸气从吸附剂上解吸下来，并被载气流带入冷阱，进行预浓缩，载气流的方向与采样时的方向相反。然后再以低流速快速解吸，经传输线进入毛细管气相色谱仪。传输线的温度应足够高，以防止待测成分凝结。解吸条件见表 5.2。

表 5.2　解吸条件

参　　　数	条　　　件
解吸温度	250～325 ℃
解吸时间	5～15 min
解吸气流量	30～50 mL/min
冷阱的制冷温度	−180～+20 ℃
冷阱的加热温度	250～350 ℃
冷阱中的吸附剂	如果使用，一般与吸附管相同，40～100 mg
载气	氦气或高纯氮气
分流比	样品管和二级冷阱之间以及二级冷阱和分析柱之间的分流比应根据空气中的浓度来选择

① 色谱分析条件。可选取厚度为 1～5 mm 的 50 m×0.22 mm 石英柱，固定相可以是二甲基硅氧烷或 7% 的氰基丙烷、7% 的苯基、86% 的甲基硅氧烷。柱操作条件为程序升温，初始温度 50 ℃ 保持 10 min，以 5 ℃/min 的速率升温至 250 ℃。

② 标准曲线的绘制。气体外标法：用泵准确抽取 100 $\mu g/m^3$ 的标准气体 100 mL、200 mL、400 mL、1 L、2 L、4 L、10 L，通过吸附管，制备标准系列。

液体外标法：利用进样装置取 1～5 mL 含液体组分 100 $\mu g/mL$ 和 10 $\mu g/mL$ 的标准溶液注入吸附管，同时用 100 mL/min 的惰性气体通过吸附管，5 min 后取下吸附管密封，制备标准系列。

用热解吸气相色谱法分析吸附管标准系列，以扣除空白后峰面积的对数为纵坐标，以待测物质量的对数为横坐标，绘制标准曲线。

③ 样品分析。每支样品吸附管按绘制标准曲线的操作步骤（即相同的解吸和浓缩条件及色谱分析条件）进行分析，用保留时间定性，以峰面积定量。

（4）结果计算

将采样体积按式(5.2)换算成标准状态下的采样体积。

TVOC 的计算：

① 对保留时间在正己烷和正十六烷之间的所有化合物进行分析。

② 计算 TVOC，包括色谱图中从正己烷到正十六烷之间的所有化合物。

③ 根据单一的校正曲线，对尽可能多的 VOCs 定量，至少应对十个最高峰进行定量，最

后与 TVOC 一起列出这些化合物的名称和浓度。

④ 计算已鉴定和定量的挥发性有机化合物的浓度 S_{id}。

⑤ 用甲苯的响应系数计算未鉴定的挥发性有机化合物的浓度 S_{un}。

⑥ S_{id} 与 S_{un} 之和为 TVOC 的浓度或 TVOC 的值。

⑦ 如果检测到的化合物超出了②中 TVOC 定义的范围,那么这些信息应该添加到 TVOC 值中。

空气样品中待测组分的浓度按下式计算:

$$C = (F - B)/V_0 \qquad (5.4)$$

式中,C 为空气样品中待测组分的浓度,mg/m³;F 为样品管中组分的质量,mg;B 为空白管中组分的质量,mg;V_0 为标准状态下的采样体积,L。

4. 环境空气中氡的测定方法——径迹蚀刻法

(1) 测定原理

探测器采用固体核径迹材料(如柯达阿尔法胶片 LR-115 或碳本酸丙烯乙酸 CR-39),将其置于一定形状的采样盒内组成径迹蚀刻法测氡采样器(以下简称"采样器")。氡气经扩散窗进入采样盒内,氡及其新衰变产生的子体发射的 α 粒子轰击探测器时,使其产生潜径迹。将此探测器在一定条件下进行化学或电化学蚀刻,扩大损伤径迹,使其能用显微镜或自动计数装置进行观测统计或计数。单位面积上的径迹数与氡浓度和暴露时间的乘积成正比。可以利用刻度系数将径迹密度换算成氡浓度。此方法可用于累积测量。

探测器:选用对 α 粒子敏感的固体核径迹材料,如 LR-115、CR-39 等。

采样盒:多是由导电塑料或金属制成的空腔盒体,其尺寸大小应符合实际测量要求。

蚀刻装置:用于蚀刻受 α 粒子轰击过的探测器,扩大损伤径迹,以适合计数装置测量。多由 NaOH 或者 KOH 溶液进行化学蚀刻或电化学蚀刻。

计数装置:用于读取蚀刻后的探测器单位面积上的径迹数的装置,一般通过光学显微镜等光学放大装置测读径迹数。

(2) 采样

将探测器装入采样盒中固定好,组成一个采样器。将采样器密封,隔绝外部空气。在测量现场去掉采样器外部密封包装。将采样器布放在测量现场,其采样条件应符合要求(采样前 12 h(在用房屋)或 24 h(新建房屋)和整个测量采样期间关闭所有门窗,正常出入时外面门打开的时间不能超过几分钟;采样期间内外空气调节系统(通风系统和中央空调等)要停止运行。在近于地基土壤的居住房间(如底层)内采样;仪器布置在室内通风率最低或者人员停留时间较长的地方,如卧室、客厅;对于工作场所,选择办公室、值班室等;不设在走廊、厨房、浴室、厕所等用水的地点)。采样器可悬挂起来,其扩散窗外 20 cm 内不得有其他物体,采样器距离墙壁至少 1 m。采样终止时,取下采样器并密封包装,送回实验室。采样器带回实验室后应尽快测量。

(3) 分析

将探测器从采样盒中取出,放入蚀刻装置中(CR-39 片的典型蚀刻条件如下:蚀刻液浓度 $c(KOH) = 6.5$ mol/L;蚀刻温度为 70 ℃;蚀刻时间为 10 h)。

将蚀刻后的探测器取出洗净后晾干。把处理好的探测器用计数装置读出单位面积上的

径迹数,把装配好的采样器置于标准氡室内,暴露一定时间,按规定测量程序处理探测器,按照下式计算刻度系数:

$$F_c = \frac{N_R - N_b}{T \cdot C_{Rn} \cdot S} \tag{5.5}$$

式中,F_c 为刻度系数,$(个/cm^2)/(Bq \cdot h/m^3)$;$N_R$ 为总径迹数,个;N_b 为本底径迹数,个;T 为暴露时间,h;C_{Rn} 为氡浓度,Bq/m^3;S 为探测器测量面积,cm^2。

(4) 计算

氡浓度按照下式进行计算:

$$C_{Rn} = \frac{N_R - N_b}{T \cdot F_c \cdot S} \tag{5.6}$$

式中,C_{Rn} 为氡浓度,Bq/m^3;N_R 为总径迹数,个;N_b 为本底径迹数,个;T 为暴露时间,h;F_c 为刻度系数,$(个/cm^2)/(Bq \cdot h/m^3)$;$S$ 为探测器测量面积,cm^2。

【质量保证与质量控制】

1. 质量承诺

在检测机构进场监测的过程中,严格按照相关标准要求进行监测,出具公正、准确的监测报告,对监测报告数据的真实性、可靠性负责。

2. 质量保证措施

质量方针:科学、准确、公正、及时。

质量目标:按照质量标准要求认真监测,报告符合建委要求。

质量保证措施如下:

(1) 成立项目组

建立以项目负责人为首的质量管理体系,运用过程的方法模式,实现过程的管理,以达到质量目标实现的目的。

① 组建工程项目经理部,明确各职能管理部门人员名单。

② 建立各职能部门的相应管理制度。

③ 对参加本项目的管理人员和监测人员进行岗前培训。

④ 所有监测人员持证上岗。

(2) 仪器的控制

① 仪器的使用者要技术负责人授权。

② 仪器要检定和校准。

③ 仪器进场前 3 d 要进行全面检修,以确保正常使用。

(3) 文件的控制

① 文件要经过审核、批准方可发布。

② 文件要经过有关人员会签。

③ 规定文件更改的方式和现行状态的识别。

④ 文件统一由资料员按规定管理。

（4）监测过程的控制

每个单项工程均按照相关技术规范和作业指导书的规定要求进行监测。接到入场通知之后，向甲方及现场监理申报监测方案，经批准后方可执行；监测时记录原始数据，质量监督员现场监督工作；监测工作完成后，见证员签写见证记录。

（5）监测报告的控制

现场工作完成后，计算结果，质量监督员校核数据后，由报告编写员编制监测报告，监测报告经技术负责人审核、授权签字人批准后发放。

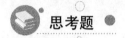 **思考题**

（1）室内环境空气监测与室外环境空气监测的区别是什么？

（2）室内环境监测如何布点采样？与室外采样布点有何区别？

（3）除了本方案提供的径迹蚀刻法，还有哪些测定放射性元素氡的方法？

（4）本监测方案是否合理？存在哪些缺陷？怎么改进？

案例 6　生活垃圾填埋场服务期环境质量监测

随着经济的持续发展,城市生活垃圾的产量不断增加,垃圾成分也不断变化,对城市居民产生的生活垃圾进行无害化处理符合人们对环境的日益增长的需求。生活垃圾除了指人们在日常生活中产生的垃圾,还包含医院垃圾、市场垃圾、建筑垃圾以及街道清扫物。目前生活垃圾的处理方法包含焚烧、卫生填埋和卫生堆肥三大类。卫生填埋是一种最通用的垃圾处理方法,特点是费用低、方法简单,在选定的处置场内,采用防渗、铺平、压实、覆土处理垃圾并对填埋场沼气、渗滤液进行处理。经科学的选址、严格的场地保护处理,对渗滤液和填埋气体进行控制。生活垃圾填埋场具有处理和终止处置生活垃圾的双重功能,焚烧处理的残渣和堆肥处理中的不可堆肥部分都要进行卫生填埋处置。作为生活垃圾的最终处理方法,卫生填埋是大多数城市解决生活垃圾的最主要方法。在生活垃圾填埋场服务期内,主要污染源为垃圾压实后垃圾中有机物发酵产生的有害气体及渗滤液,其次是垃圾运输、倾倒与覆土产生的扬尘以及垃圾压实等作业设备产生的噪声。

环境监测作为环境保护的前提工作,为环境监督提供了重要的依据,使人们能够更好地对生态环境保护进行决策,促进了我国环境的可持续发展。加强对环境质量的检测,从而实现我国环境的可持续发展。

本案例以生活垃圾填埋场为切入点,将环境监测相关知识以案例的方式呈现,让学生在了解生活垃圾填埋场所产生的环境问题的同时,深入理解环境标准、监测工作程序、分析方法和原理,有利于学生对知识的巩固和运用。

【监测目的】

对服务期生活垃圾填埋场(污染源)进行监测,以确定污染源状况、评价控制措施的效果、衡量环境标准实施情况和环境保护工作的进展。

【背景资料】

×县交通条件良好,县域内有数条干线公路、十数条县乡公路和专用公路,铁路亦有四条,已基本形成以县城为中心,纵横交错、四通八达的公路、铁路交通运输网,是×市重要的交通枢纽之一。

×县便利的交通条件为该县的现代化建设提供了良好的发展机遇。近几年来,县城面貌日新月异,经济建设得到了很大发展,人民生活水平不断提高,生活垃圾产量日益增长,而其生活垃圾处置设施的建设相对滞后,生活垃圾采用落后的简单填埋和在郊区裸露堆放的方式处理。据统计,县城除有固定的垃圾堆放场若干处外,在城区周围还有三四十个无序堆放的垃圾堆,不仅占用了大量的土地,而且垃圾堆放处蚊蝇滋生,垃圾自然发酵,散发臭气,渗滤液污染地表水、地下水,对生态环境造成严重污染,对居民的身体健康构成了很大威胁。因此,兴建生活垃圾处理工程是非常必要的。

1. 基本情况

×县生活垃圾填埋场位于县内×镇,属于城市环境基础设施建设工程。生活垃圾填埋场服务于该县城。服务年限为 15 年,目前已经服务 3 年。平均日处理生活垃圾 110 t,填埋区库容为 8.0×10^5 m³。工程主要包括管理区、填埋区、渗滤液处理区、公用设施及绿化工程等,见表 6.1。

表 6.1 工程主要内容

序号	工程名称	建 设 内 容
1	管理区	行政办公楼、宿舍、食堂、浴室、锅炉房、车库、机修间、门房、磅房、消防水池、洗车台、提升泵房、管理区道路、大门、围墙等
2	填埋区	防渗系统、渗滤液导排系统、填埋气收集导排与处理系统、垃圾坝、环境监测系统、填埋机械等
3	渗滤液处理区	渗滤液调节池、渗滤液回灌系统
4	公用设施	道路系统、供电系统、供水系统、给排水系统、采暖通风等
5	绿化工程	场区边界及道路两旁的绿化带,绿化面积为 30495 m²

工程总投资 2.2846×10^7 元,项目职工定员为 28 人,生产岗位均为一班制,全年工作日 365 d,执行国家法定休息日,采用轮休制保证正常生产。

本项目总占地面积约 1.519×10^5 m²,其中填埋区面积 1.29×10^5 m²,管理区面积 1.46×10^4 m²。根据地形地势情况,管理区位于填埋区西面,在填埋场西侧设置渗滤液调节池。其间以围墙和宽约 10 m 的绿化带隔离。道路设置在场区东侧,从山沟西口开始,沿垃圾专用道路进入场区,途中经过填埋场生产管理区,而后沿填埋场边缘到达填埋作业面。由分区坝将整个填埋区分成两部分,分两期进行建设、填埋。这样有利于生态恢复和降低填埋场造价等。生产管理区建于填埋区西面,与厂外道路连接。管理区内建有行政办公楼、宿舍、食堂、浴室、锅炉房、车库、机修间、门房、磅房、消防水池、洗车台、提升泵房等建、构筑物。东侧设置大门与场外道路连接。渗滤液处理区主要包括渗滤液调节池、渗滤液回灌系统。

该垃圾处理场利用原冲沟顺势由南向北经场地平整形成填埋区,并在北面设截洪坝,南端下游地势低洼处分别设置垃圾坝、渗滤液调节池。整个填埋区封场边界与地界线之间规划有 17~18 m 通道,用以布置道路、截洪沟、绿化隔离带等。

2. 垃圾处理工艺分析

×县生活垃圾的热值太低,达不到焚烧发电或余热利用的目的,且生活垃圾中有机质含量低而需进行分选处理,分选后不适宜堆肥的垃圾要进行卫生填埋。由于该县周围沟壑空地较多,可作为垃圾填埋的场地。卫生填埋适用于各种生活垃圾,对垃圾处理负荷无严格要求,适用于目前生活垃圾混装混收的情况。综合考虑以上各因素,选用卫生填埋作为该县县城生活垃圾的处理工艺。

生活垃圾经收集后,由环卫部门的垃圾运输车运至垃圾填埋场,在现场人员的指挥下按填埋作业顺序进行倾倒、摊铺、压实、覆土和喷药。垃圾按单元分层填埋。其填埋工艺流程图如图 6.1 所示。填埋过程中产生的填埋气,采用垂直石笼井的方式排出。在填埋场运行初期,填埋气体采用直接焚烧放散的方式处理,未来根据填埋气的实际产量和沼气成分考虑是否进行沼气的综合利用。垃圾渗滤液由渗滤液导排收集系统收集后,回灌到填埋区进行循环蒸发处理。

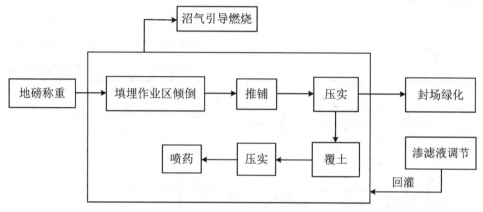

图 6.1　填埋工艺流程图

3. 填埋场公用配套工程

(1) 给排水系统

① 水源。取自管理区自备水井,可满足本项目的用水要求。

② 用水量与给水系统。项目用水包括生活用水、道路和绿化用水、洗车用水以及消防用水。用水总量约15.36 m³/d。

a. 生活用水量:全厂生产及管理人员按 28 人计,用水指标为 120 L/(d·人)(含淋浴用水),生活用水量约 3.36 m³/d。

b. 道路和绿化用水量:包括道路、场地洒水和绿化用水。其中浇洒道路用水量为1.5 L/(m²·次),每天一次。绿化用水量为 2.0 L/(m²·次),每天一次。浇洒和绿化用水量为 6 m³/d。

c. 洗车用水量:600 L/(辆·d),按 10 辆车计算,用水量约 6 m³/d。

d. 消防用水量:根据《城市生活垃圾卫生填埋设计规范》,填埋区生产的火灾危险性分类为中戊类。综合考虑生产、生活区的消防用水量,根据《建筑设计防火规范》的规定,设计室外消火栓流量 25 L/s,火灾延续时间 2 h。同一时间内的火灾次数设计为 1 次。消防用水量为 180 m³。

本项目给水为一个系统,即生产、生活和消防给水系统。本项目供水设施包括一个高位水箱(设置在行政办公楼上)。另有一座容积为 200 m³ 的钢筋混凝土消防水池,在管理区内设置一处地下式消火栓。兼顾到垃圾填埋区的消防问题,配备 6 条 20 m 长的水带,Φ19 mm 的水枪。

来水经计量后注入高位水箱,再由高位水箱送入场区内给水管网,供给各用水部门。当发生火灾时,启动消防泵向管网供水。

③ 排水量与排水系统。本项目产生的污水主要有生活污水、洗车废水,排水量约为

6.89 m³/d,设计确定该排水经管理区内设置的污水管道,排入渗滤液调节池。

④ 水平衡分析。全场水平衡见表6.2和图6.2。

表6.2 用水和排水量一览表

	平均用水量/(m³/d)	排水量/(m³/d)	备 注
生活用水	3.36	2.69	含锅炉用排水
道路和绿化用水	6	0	
洗车用水	6	4.2	70%
垃圾渗滤液	0	36.36	进入渗滤液调节池
总 计	15.36	43.25	全部回灌到填埋区

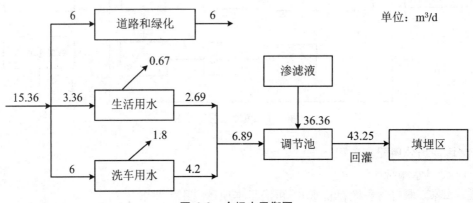

图6.2 全场水平衡图

（2）采暖

本工程设置锅炉房一座,作为处理场热源。锅炉房选 WWG 0.35-0/85/60-AX 型锅炉一台。燃料为Ⅲ类无烟煤,锅炉容量为 0.35 MW。

（3）供电

根据工艺专业要求属三级供电负荷。根据电业部门提供的情况,由凤凰镇 10 kV 电管站引来专线电源。

（4）场区道路工程

场内道路按露天矿山道路二级标准进行设计,进场填埋作业的道路纵坡最大按 5%、最小转弯半径按 30 m 进行控制设计。管理区和渗滤液处理区内道路路面宽为 4 m。永久性道路均采用沥青砼高级路面。

（5）绿化工程

场区绿化主要包括:沿道路两侧种植行道树;对管理区和渗滤液处理区之间进行成片成组的重点绿化;沿填埋场封场四周的防火隔离带外种植宽约 10 m 的防护绿化林带;生活管理区的各个建筑物及道路两旁的空地,种植草皮、常绿树木;封场后在填埋区进行绿化。绿化的布置采用多行、高低结合的设计,树种根据当地习惯多选用吸尘、防毒、枝繁叶茂、易成活的植物,使整个填埋场得到绿化、美化。

4. 工程污染源排放情况分析

×县填埋场服务期内污染源排放情况及采取的治理措施见表6.3。

表6.3 填埋场服务期内污染源排放清单

工程阶段			排污环节	采取的措施
服务期	填埋区		填埋气：主要污染物为 CH_4、CO_2、H_2S、NH_3 等及由此产生的恶臭	① 填埋气采用导气石笼井导出，服务期及封场后随时监测。填埋初期，在导气石笼上设置燃烧器，自动点燃排放。 ② 填埋垃圾适时覆盖，以控制臭气外逸
	填埋作业过程		渗滤液：主要污染物为 COD_{Cr}、BOD_5、氨氮、SS、细菌、挥发酚、重金属等	场内敷设高密度聚乙烯（HDPE）膜防渗层，渗滤液由场内的导排系统收集后，回灌于垃圾表面
	管理区		蚊、蝇、鼠类等带菌体	对蚊、蝇、鼠类等带菌体按时喷药灭杀
			扬尘：主要污染物为颗粒物	喷水降尘
			机械噪声	施工机械尽量选用低噪声的作业设备
	垃圾运输		生活污水：主要污染物为 COD_{Cr}、BOD_5、氨氮	生活污水、洗车废水与渗滤液混合收集后，回灌于垃圾表面
			运输车辆冲洗废水：主要污染物为 SS、COD_{Cr}、细菌等	
			锅炉烟气：主要污染物为烟尘和 SO_2	使用配套的除尘设备
			生活垃圾，锅炉炉渣：主要污染物为固体废弃物	经收集后，直接进入填埋场填埋
			道路扬尘及散落的垃圾	采用密封车运输以免垃圾散落在路上

由表6.3可看出，填埋场服务期主要污染源为垃圾压实后垃圾中有机物发酵产生的有害气体及渗滤液，其次是垃圾运输、倾倒和覆土产生的扬尘以及垃圾压实等作业设备产生的噪声。针对以上污染物排放情况，填埋场都采取了相应的防治措施。

（1）主要水污染源排放情况及防治措施

① 垃圾渗滤液。

a. 渗滤液产生量。渗滤液来源有以下几个方面：直接降水、地表径流、地下水、垃圾中的水分、覆盖材料中的水分、垃圾中有机物降解所产生的水分，其中直接降水是最主要的。影响渗滤液产生量的因素有填埋场构造、蒸发量、垃圾的性质、水文地质、表面覆土等。图6.3为垃圾填埋场渗滤液产生示意图。

本填埋场由于采用了 HDPE 土工膜防渗，填埋场内渗滤液的产生量主要取决于降水情况。因降水渗入垃圾层而产生的渗滤液，可以多年平均年降水量作为计算依据。

填埋场的渗滤液产生量可按以下经验公式估算：

$$Q = \frac{C_1 \cdot I \cdot A_1}{1000} + \frac{C_2 \cdot I \cdot A_2}{1000} \tag{6.1}$$

式中，Q 为渗滤液产生量，m^3/a；C_1 为封场后渗出系数，本设计采用 $C_1 = 0.15$；C_2 为作业面渗出系数，本设计采用 $C_2 = 0.3$；I 为降水量，mm；A_1 为封场后区域汇水面积，即第一填埋区面积，为 6.9×10^4 m^2；A_2 为填区域汇水面积，即第二填埋区面积，为 6×10^4 m^2。

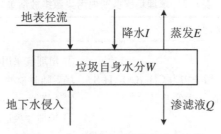

图 6.3 垃圾填埋场渗滤液产生示意图

因此

$$Q = (0.15 \times 69000 + 0.3 \times 60000)/1000 \times I = 28.35 \times I$$

×县平均年降水量为 468.1 mm,经计算本填埋场每年渗滤液产生量约为 13270.6 m³,平均每天渗滤液产生量为 36.36 m³。加上管理区生活污水和洗车废水,产生量约为 6.89 m³/d,共计 43.25 m³/d,出于安全考虑最终确定本填埋场的渗滤液处理量为 45 m³/d。

按照上面的公式,应该说在整个填埋场分的区越多,渗滤液产生的量就越少,但因分的区越多,在铺设渗滤液收集管和封场时的难度也越大,工程上的可行性不大,因此本项目采用分两区的方案。

b. 渗滤液导排系统。为了减少垃圾填埋场内渗滤液对地下水的污染风险,在填埋场应设置渗滤液导排系统,渗滤液导排系统包括水平、垂直导排系统。

c. 渗滤液调节池。在填埋场下游设置一个渗滤液调节池,其主要功能如下:一方面可调蓄渗滤液水量,确保渗滤液回灌处理时间上的稳定性;另一方面因渗滤液在调节池内停留时间长,具有水解酸化的厌氧降解作用,其 COD_{Cr}、BOD_5 值均有所降低,从而能够调整渗滤液水质。

d. 渗滤液回灌系统。渗滤液回灌,就是用适当的方法将在填埋场底部收集到的渗滤液重新喷入填埋场。由于填埋场垃圾成分和性质多变等因素,与其他污水相比,渗滤液一个重要特点是水质水量波动大。回灌法作为渗滤液土地处理的一种,主要是利用填埋场垃圾层这个"生物滤床"净化渗滤液。与物化及生物法相比,回灌法具有以下优点:能较好地适应渗滤液水量水质的变化;投资少,运行费用低;能加速填埋场稳定化的进程,缩短其维护期,减少维护费用。

回灌渗滤液的去处主要有以下三种:垃圾及覆盖土吸收;垃圾生化反应利用;垃圾表面蒸发。其中蒸发的部分是主要的。因本区蒸发量远大于降雨量,所以采用回灌法完全可处理垃圾渗滤液。

渗滤液回灌可以分为表面灌溉、竖井式、水平式、喷灌和针注五种方法。本项目采用表面喷洒的方式进行处理。喷洒后应立即进行表面覆土,以免臭气散发。为了更好地保护场区周边环境,在工程建设的同时应进行生态建设,可以种植具有吸污、驱蝇、除臭特性的树种作为填埋区的防污林带。

渗滤液处理区主要包括渗滤液调节池、渗滤液回灌设施等。采用回灌法处理渗滤液时,应在雨季不回灌或少回灌,在干旱季节多回灌,以利于填埋垃圾的降解和场地填埋封场后及早利用。垃圾渗滤液反复循环回灌,直到场底没有渗滤液。

② 其他污水。其他污水包括管理区生活污水和洗车废水,产生量很少。

生活污水和洗车废水经污水管网收集后,由管道输送进入渗滤液调节池,和渗滤液一并回灌到垃圾表面。

（2）主要大气污染源排放情况及防治措施

① 填埋气。填埋气是指填埋的生活垃圾中有机物经微生物分解产生的气体。填埋气的产量和组成与被分解物的量及微生物种类有关。好氧条件下分解产生 CO_2 和 NH_3 等废气，厌氧条件下的分解产物是 CH_4、CO_2、H_2S 等气体。由于 CH_4 是易燃易爆气体，当聚集在场内引起燃烧时，会点着垃圾中的可燃物而引起污染；NH_3、H_2S 不仅是有害物质，而且是恶臭物质，故填埋场应加强管理和严格控制填埋气。

填埋气的产生量是随时间变化的，其产气的持续时间目前还没有准确数字，估计为 20～100 年。有资料记载，填埋气体的成分由生物过程决定，在填埋初期两周内，氮和氧的含量比较高，填埋近两个月后，CO_2 达到最高值。随着垃圾被土覆盖并与空气隔离后，垃圾层内的空气逐渐被耗尽，酸化和产甲烷等菌种开始活跃，废气量增加，从填埋两个月起甲烷慢慢产生，在两年内其值上升到 50%（体积分数），可维持十多年的时间。

填埋气收集导排系统：设计采用垂直导气石笼井将填埋场内的气体排出。

填埋气最终处理：填埋气导出井口设置 CH_4 自动监测点火装置，浓度较高时，自动点火燃烧后排放。未来根据填埋气的产量，考虑将其综合利用。

② 填埋场粉尘。垃圾填埋场内粉尘的主要来源如下：车辆在带土的干路面上行驶产生的道路扬尘；干垃圾的倾倒、压实；干土的挖掘、运输、倾倒及压实；干燥天气风力较大时路面及垃圾填埋表面扬尘。

在填埋场服务期，十分重视对粉尘污染的控制，尤其重视其对东南方向居民区的影响。防尘措施包括及时清理场地与道路积尘、缩小堆存面积、表面增湿和遮盖、设周边挡风设施等。

③ 垃圾运输扬尘。本项目垃圾运输采用公路运输，距本厂址最近的居民地为厂址东南方向 600 m 处的×村庄，垃圾运输车辆不经过该村，垃圾运输对该村的影响较小。

④ 恶臭。生活垃圾是城市最重要的恶臭源之一，引起恶臭的主要物质是垃圾发酵气中的 H_2S、吲哚类、硫醚类及氨气等。恶臭物质作用于人的嗅觉细胞，因其在空气中的浓度不同会引起不同的感觉。恶臭的强弱，一般分为 6 级，其强度的测定有嗅觉检测法和深度检测法。

中国环境科学研究院在"北京×垃圾填埋场"垃圾暴露源头及距源头 50 m、100 m、200 m、400 m 处采集了气体，实测的主要恶臭污染物硫化氢和甲硫醇的浓度见表 6.4。在 200 m 以上距离外，两种主要恶臭气体浓度降至检出限以下。

表 6.4　垃圾暴露源头及不同距离处主要恶臭气体浓度

单位：mg/m^3

化合物名称	源头	50 m	100 m	200 m	400 m
硫化氢	0.79	0.16	0.48	0.00	0.00
甲硫醇	0.18	0.10	0.15	0.00	0.00

本工程采用卫生填埋的方式，垃圾层层压实，每日覆盖土层，并且在填埋作业过程中用喷药车进行喷药灭杀，抑制恶臭气体逸散。

⑤ 蚊蝇。填埋场是蚊蝇滋生地，由于垃圾堆体内温度较高，四季都适合蚊蝇栖息和生长。为此，对蚊蝇采取分季度、有重点的杀灭成虫措施。填埋场填埋作业严格执行作业单元

逐日覆土填埋,控制蚊蝇世代繁殖,减少蚊蝇和鼠类繁殖。

⑥ 锅炉烟气。本工程设置锅炉房一座,作为处理场热源。锅炉房选用一台型号为WWG 0.35-0/85/60-AX 的锅炉。锅炉容量为 0.35 MW,燃料为Ⅲ类无烟煤,其煤质灰分13%,含硫 0.68%,在当地煤矿购得。冬季采暖期为 150 d,夏季运行 2 h,冬季全天运行,锅炉排放的主要污染物有烟尘、SO_2 等,采用配套的除尘器后,燃煤产生 SO_2 的浓度为 860 mg/m³,烟尘产生的浓度为164 mg/m³,可以达标。

(3)主要产生的固体废弃物及其防治措施

生产管理区有少量固体废弃物产生,包括生活垃圾和锅炉炉渣等。直接进入填埋场进行卫生填埋。

(4)填埋场作业期间的噪声源

该阶段噪声污染源分场内噪声源和交通噪声源。

场内噪声源主要为填埋作业区内的机械噪声,噪声设备主要有压实机、推土机、挖土机和运输车辆等,其噪声类比值为 80~100 dB(A)。

对噪声影响的控制,主要针对可能受到影响的保护目标,由于填埋场与周围村庄相距较远,影响较小。场外交通噪声源主要是垃圾运输车辆,进场专用道路位于场址西侧,距离居民较远,影响轻微。

【监测项目】

本填埋场处于服务期,因此针对服务期和封场后进行监测。填埋场环境监测项目包括噪声、填埋气体、渗滤液等。

【监测布点】

(1)噪声监测

在每年 4 月进行一次垃圾处理设施噪声监测。当设施处理工艺、处理量有较大调整时要重新监测。噪声监测在厂界四周布置监测点。按《工业企业厂界环境噪声排放标准》(GB 12348—2008)规定执行。

(2)填埋气体监测

监测点:导气井排出口。

监测项目:甲烷、NO_2、CO、NH_3、其他可燃气体、硫化氢、甲硫醇等。

监测频率:在污染物浓度最高时段采样,样品采集次数不少于 3 次,取最大测定值。

(3)渗滤液监测

监测点:渗滤液排放口(图 6.4)。

监测项目:色度、总固体、总溶解性固体与总悬浮性固体、硫酸盐、氨态氮、凯氏氮、氯化物、总磷、pH、BOD_5、COD、钾、钠、细菌总数、总大肠菌数。

【采样】

1. 水样的采集、运输与保存

(1)采样前的准备工作

常用水样器材:P(聚乙烯塑料)、G(石英玻璃)、BG(硼硅玻璃)。一般的玻璃容器吸附金属,聚乙烯等塑料吸附有机物质、磷酸盐和油类。各项目盛装容器的清洗方法见表6.5。

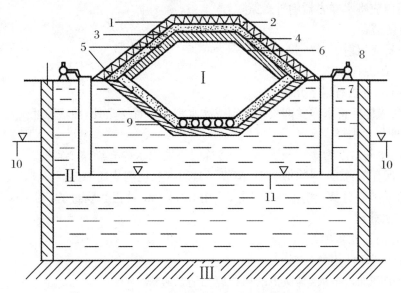

图6.4　典型安全填埋场示意图及渗滤液监测点

Ⅰ—废物堆;Ⅱ—可渗透性土壤;Ⅲ—非渗透性土壤;1—表层土;2—土壤;3—黏土层;4—双层有机内衬;5—沙质土;6—单层有机内衬;7—渗滤液抽汲泵;8—膨润土浆;9—渗滤液收集管;10—正常地下水位;11—堆场内地下水位

表6.5　各项目盛装容器清洗方法

项　　目	洗　涤　方　法
物理性指标、有机污染物综合性指标、无机阴离子(F^-、Cl^-、Br^-、I^-、SO_4^{2-})、有机污染物、微生物	洗涤剂洗涤1次,自来水洗涤3次,蒸馏水洗涤1次
Na、Mg、K、Ca、油类	洗涤剂洗涤1次,自来水洗涤2次,1:3(酸和水体积比)HNO_3洗涤1次,自来水洗涤3次,蒸馏水洗涤1次
Be、Cr(Ⅵ)、Mn、Fe、Ni、Cu、Zn、As、Ag、Cd、Sb、Hg、Pb	洗涤剂洗涤1次,自来水洗涤2次,1:3(酸和水体积比)HNO_3洗涤1次,自来水洗涤3次,去离子水洗涤1次
PO_4^{3-}、总磷、阴离子表面活性剂	铬酸洗液洗涤1次,自来水洗涤3次,蒸馏水洗涤1次

(2)采样方法

可用容器直接在渗滤液排放口采集。

采样注意事项:现场测定的项目包含水温、pH、DO、氧化还原电位。单独采样的有油类、BOD_5、DO、硫化物、余氯、粪大肠菌群、悬浮物、放射性等项目。

(3)水样的运输

① 采样时填好采样记录表,采样完成加好保存剂后应填写样品标签。

② 样品运输前要注意以下问题:

a. 同一采样点的样品瓶尽量装在同一箱内；

b. 装箱前应将水样容器内外盖紧；

c. 注意防震；

d. 避免日光照射。

（4）水样的保存

保存水样的方法有以下几种：

① 冷藏：采样后将水样立即投入冰箱或冰水浴中并置于暗处，冷藏温度一般为 2～5 ℃，该法不能长期保存水样。

② 冷冻：冷冻温度为 −22～−18 ℃，冷冻时不能将水样充满整个容器。

③ 加入保存剂：加入生物抑制剂，调节 pH，加入氧化剂或还原剂。

④ 过滤或离心分离：测可溶态组分，应用 0.45 μm 微孔滤膜过滤，利于保存。泥沙水样，用离心方法处理。

样品保存时注意事项：

① 不能干扰待测组分的测定。

② 若保护剂加入量大，其所占的体积应当适当考虑。

③ 保存试剂尽量用优级纯试剂配制。

④ 要做空白实验（As、Pb、Hg）。

2. 气体的采集

（1）气体的采集

直接采样法：注射器采样、塑料袋采样、采气管采样、真空瓶采样。

富集（浓缩）采样法：溶液吸收法、填充柱阻留法、滤料阻留法、低温冷凝法、自然积集法。根据测定指标选择相应的方法。

（2）采样仪器

主要由收集器、流量计、采样动力组成。收集器包含气体吸收管、吸收瓶、填充柱、滤料采样夹等。流量计有转子流量计、孔口流量计等。选择重量轻、体积小、抽气动力大、流量稳定、连续运行能力强、噪声小的采样动力。电动抽气泵有真空泵、刮板泵、薄膜泵、电磁泵。根据不同的测定指标选择不同的采样器，比如专用采样器包含空气采样器、颗粒物采样器等。

气态样品比较特殊，如果采用直接采样法，样品运送至实验室应尽快测定，以避免样品损失。多采用富集浓缩采样法。

【监测分析方法】

本项目重点监测填埋场排放的废气和垃圾渗滤液。废气监测指标包含甲烷、NO_2、CO、NH_3、其他可燃气体、硫化氢等。渗滤液监测指标包含色度、总固体、总溶解性固体与总悬浮性固体、硫酸盐、氨氮、凯氏氮、氯化物、总磷、pH、BOD_5、COD、钾、钠、细菌总数、总大肠菌数。

根据监测项目和实际条件，参照表 6.6 和表 6.7，确定指标分析方法。

表 6.6　大气监测基本项目

序号	监测项目	执行标准
1	总悬浮颗粒物	GB/T 15432—1995
2	甲烷	HJ 38—2017
3	硫化氢	GB/T 14678—1993
4	氨	HJ 553—2009
5	二氧化氮	HJ 479—2009
6	一氧化碳	HJ/T 44—1999
7	二氧化硫	HJ 629—2011
8	臭气浓度	GB/T 14675—1993

表 6.7　废水的监测内容和方法

序号	监测项目	执行标准
1	总磷	GB 118930—89
2	悬浮物	GB/T 11901—1989
3	化学需氧量（COD_{Cr}）	HJ 828—2017
4	五日生化需氧量（BOD_5）	HJ 505—2009
5	氨氮	HJ 536—2009

【监测结果】

对监测数据进行计算,综合评价监测结果。注意气态污染物涉及采样体积换算和采样效率转化问题。

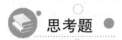

思考题

(1) 如何根据项目相关资料确定环境监测的重点内容?

(2) 请根据项目相关资料确定环境监测指标以及各指标所采用的分析方法。

(3) 请列出本项目的环境监测方案制定的主要工作过程。

(4) 请根据项目相关资料判断该项目所执行的排放标准。

案例 7　垃圾填埋场生活垃圾监测

【监测目的】

（1）对×市×垃圾填埋场的生活垃圾特性进行监测，为更好地处理生活垃圾及制订地区环境保护规划提供基础数据。

（2）通过对监测方案的制定，进一步巩固固体废弃物监测的基本知识，深入了解固体废弃物样品的采集、制备及分析方法。

【背景资料】

×市是我国长江三角洲主要的经济中心城市之一，随着经济的迅速发展，市区规模不断扩大，人口逐年增加，市区生活垃圾的产生量逐年上升。据×统计信息网发布的年度统计公报，2019 年全年生活垃圾清运量为 9.14×10^5 t，2020 年为 9.97×10^5 t。据×生态环境局统计，2020 年×市市区生活垃圾年产生量为 5.89×10^5 t，其中卫生填埋 3.69×10^5 t，生活垃圾无害化处理率达 100%。生活垃圾中可利用资源日益增加。×市生活垃圾主要包括居民生活垃圾、商业垃圾和街道清扫垃圾等，主要由厨余、灰分、纸类、纺织类、塑料、金属、玻璃、植物和水分构成。

位于×市南部的×垃圾填埋场是由市政府投资的一项重点工程，按建设部卫生标准建设，距离×市中心 18 km，占地 2.35×10^5 m^2，填埋区总容量为 4.50×10^6 m^3，设计使用年限为 33 年。生活垃圾卫生填埋是一种将垃圾填入经过防渗、导排等处理后的谷地、平地或地坑内，经压实覆土后使其发生物理、化学、生物等变化，分解有机物，达到无害化目的的一种处理方式，也是一种最终处理方式。生产工艺主要分为三大部分：填埋作业（库区倾倒、摊铺、压实、覆土等）、渗滤液处理（库区渗滤液引排、预处理、处理）、填埋气处理（库区填埋气导引、排放）。卫生填埋是一种最通用的垃圾处理方法，特点是费用低、方法简单。经科学的选址、严格的场地保护处理，对渗滤液和填埋气进行控制。作为生活垃圾的最终处理方法，卫生填埋是大多数城市解决生活垃圾的最主要方法。

×市×垃圾填埋场采用改良型厌氧卫生填埋工艺，分单元逐日覆土填埋。进场垃圾经计量后，进作业点按统一调度卸车，然后由填埋机械摊铺、碾压。填埋过程中依次逐层推进，层层压实。为了保证压实效果，单元层摊铺厚度不超过 0.3 m，由推土机进行 2~3 遍的碾压作业。当累积总厚度达 1.5 m 时，铺上 0.3 m 厚的黏土将其覆盖，然后进行下一单元的填埋作业。当区域普遍填高达到同一厚度后，再在此层上进行第二层相同厚度的黏土填埋工作,依次类推直至完成全部填埋作业。在填埋场作业过程中,应尽量实现当天填埋,当天覆土,以防止垃圾中轻质物飞散,保持作业面整洁,抑制臭味,防止蚊蝇滋生,减少或阻断雨水渗入、控制有害气体无序外逸。填埋过程中应同步根据需要每天对填埋区进行不同次数的消毒,消毒次数以可以抑制蚊蝇鼠等大量繁衍为基准。

对于库区底层垃圾的填埋,为了保护库区防渗系统不受损坏,铺填第一层垃圾时应按照下列要求作业:底层垃圾应为松软性物质,如果有长、硬物料,如钢筋、铁管、竹木干等坚硬条状物,应全部挑出,以防碾压时破坏集渗系统及保护层。底层填埋垃圾的厚度为 $3\sim3.5$ m,由推土机一次布料,推土机应行走在垃圾层上,不允许直接压到保护层。

填埋达到设计标高时,封场复垦,恢复植被,具体做法如下:在填埋终层面覆盖一层黏土;在黏土层上可根据需要再覆盖一层营养土,土表面可进行绿化,总覆土厚度为 1 m。实行逐次填埋逐次封场。这样做能减少地表径流渗入垃圾体,减少渗滤液量,防止和减少废气逸散,减轻污染和病菌传播,避免蚊蝇、昆虫滋生。填埋期结束后,整个场地也应完全封场。静置一段时间后,填埋场可以用来植树、种菜或作休闲用地等。

【采样】

1. 采样工具
包含尖头刚锹、钢尖镐(腰斧)、采样铲(采样器)、具盖采样桶或具内衬塑料采样袋。

2. 采样方案
根据采样目的指定采样方案。采样的具体目的根据固体废弃物监测的目的来确定,固体废弃物的监测目的主要有:鉴别固体废弃物的特性并对其进行分类,进行固体废弃物环境污染监测,为综合利用或处置固体废弃物提供依据;污染环境事故调查分析和应急监测;科学研究或环境影响评价等。

本次采样的目的是鉴定该垃圾填埋场生活垃圾特性,进行固体废弃物环境污染监测。

3. 采样点的确定
份样是指由一批废弃物中的一个点或一个部位按规定量取出的样品;根据固体废弃物批量确定应采的份样数。根据固体废弃物的最大粒度确定份样量(95%以上能通过的最小筛孔尺寸)。根据采样方法,随机采集份样,组成总样(图 7.1),并填写采样记录表。

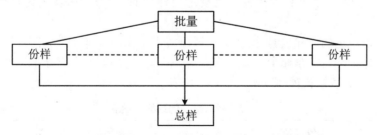

图 7.1　采样程序示意图

份样数和份样量可以根据表 7.1 和表 7.2 确定。

表 7.1　批量与最少份样数

批量大小(单位:液体 1 kL,固体 1 t)	最少份样个数
<5	5
5~10	10
50~100	15
100~500	20
500~1000	25
1000~5000	30
>5000	35

表 7.2　最小份样量和采样铲容量

最大粒度/mm	最小份样质量/kg	采样铲容量/mL
>150	30	—
100~150	15	16000
50~100	5	7000
40~50	3	1700
20~40	2	800
10~20	1	300
<10	0.5	125

采样遵循以下原则:

(1) 对于堆存、运输中的固态工业固体废弃物的大池中的液态工业固体废弃物,可按对角线、梅花形、棋盘式、蛇形等布点法确定采样点。

(2) 对于粉末状、小颗粒状的工业固体废弃物,可按垂直方向、一定深度的部位等点分布确定采样点。

(3) 对于运输车及容器内的固体废弃物,可按照上(表面上相当于总体积 1/6 深处)、中(表面上相当于总体积 1/2 深处)、下(表面上相当于总体积 5/6 深处)三部分确定采样点。

(4) 运输车数不多于该批固体废弃物规定份样数时,每车应采集的份样数 = 规定的份样数/车数。

当车数多于规定的份样数时,按表 7.3 选出所需最少的采样车数,然后从所选车中各随机采集一个份样。在运输车厢中布设采样点时,采样点应均匀分布在车厢对角线上,端点距车角应大于 0.5 m,表层去掉 30 cm。

表 7.3　所需最少的采样车数表

车数(容器)	所需最少采样车数
<10	5
10~25	10
25~50	20

续表

车数(容器)	所需最少采样车数
50~100	30
>100	50

（5）固体废弃物堆采样：在渣堆两侧距堆底 0.5 m 处画第一条横线，然后每隔 0.5 m 画一条横线；再每隔 2 m 画一条横线的垂线，将其交点作为采样点。按表 7.3 确定的份样数，确定采样点数，在每点上从 0.5~1.0 m 深处各随机采样一份。

由于×垃圾填埋场地形平缓，故采取网格布点法。将地块划分成若干均匀网状方格，采样点设在方格中心。然后按垂直方向、一定深度的部位等点分布确定采样点。

4. 采样方法

固体废弃物采样方法有以下四种：

（1）简单随机采样法

抽签法：先对所有采集份样的部位进行编号，同时将代表采集份样部位的号码写在纸片上，混匀后，从中随机抽取纸片，抽中号码代表的部位就是采集份样的部位。此法只适宜在采样点不多时使用。

随机数字表示法：先对所采份样的全部部位进行编号，最大编号是几位数字就使用随机数表的几栏或者几行，并把这几栏或者几行合并一起使用，从随机数表的任意一栏或者任意一行数字开始数，遇到小于或者等于最大编号的数字就记录，遇到已经抽过的数字就舍弃，直到抽够份样数为止，抽到的号码就是采集份样的部位。

（2）系统采样法

适用于生产现场采样。

（3）分层采样法

适用于一批固体废弃物分次排出或者因生产工艺过程导致固体废弃物间歇排出。根据每层质量按比例采集份样。

（4）两阶段采样法

首先从一批固体废弃物总容器件数 N_0 中随机抽取 N_1 件容器，然后再从 N_1 件的每件容器中采 n 个份样。当 $N_0 \leqslant 6$ 时，取 $N_1 = N_0$；当 $N_0 \geqslant 6$ 时，按相关公式计算。当第二阶段份样数 $n \geqslant 3$ 时，N_1 件容器中每件容器均随机采上、中、下最少 3 个份样。

根据采样方法，本次生活垃圾监测随机采集份样，组成总样，并认真填写采样记录表（表 7.4）。采样时，根据已有自然分层，在每层随机采集份样。注意粒度比例，使每层所采份样的粒度比例与该层废弃物粒度分布大致相符。

表 7.4　采样记录表

采样登记号	样品名称
采样地点	采样数量
采样时间	废弃物所属单位名称
采样现场描述	
废弃物生产过程描述	

续表

样品可能含有的主要有害成分	
样品保存方式以及注意事项	
样品采集人以及接收人	
备注	负责人签字

5. 样品的制备

（1）制样工具

粉碎机（破碎机）、药碾、钢锤、标准套筛、十字分样板、机械缩分器。

（2）制样要求

① 在制样全过程中，应防止药品产生任何化学变化和污染。若制样过程中，可能对样品的性质产生显著影响，则应尽量保持原始状态。

② 湿样品在室温下自然干燥，使其达到适于破碎、筛分、缩分的程度。

③ 制备的样品应过筛后（筛孔为 5 mm），装瓶备用。

（3）制样程序

① 粉碎：用人工方法把全部样品逐级粉碎，通过 5 mm 筛孔。粉碎过程中，不可随意丢弃难破碎的粗粒。

② 缩分：于清洁、平整不吸水的板面上将样品堆成圆锥形，每铲物料自圆锥顶端落下，使其均匀地沿锥尖散落，不可使圆锥中心错位。反复转堆，至少三周，使其充分混匀。然后将圆锥顶端轻轻压平，摊开物料后，用十字板自上压下，分成四等份，取两个对角的等份，重复操作数次，直至有约 1 kg 试样为止。在进行各项有毒特性试验前，可根据要求的样品量进一步缩分。

③ 粒度分级。

6. 样品的保存

密封保存，特殊样品可采用冷冻或充惰性气体等方法保存；贴标签，标签上应注明编号、废弃物名称、采样地点、批量、采样人、制样人、时间；制备好的样品，一般有效保存期为三个月，易变质的试样不受此限制。填好采样记录表，一式三份，分别存于有关部门。

【监测分析方法】

1. 样品水分和 pH 的测定

（1）样品水分的测定

① 无机物：称取 20 g 左右样品于 105 ℃下干燥，恒重至 ±0.1 g，测定水分含量。

② 有机物：样品于 60 ℃下干燥 24 h，确定水分含量。

③ 固体废弃物：固体废弃物测定结果以干样品计算，当污染物含量小于 0.1% 时以 mg/kg 表示，含量大于 0.1% 时则以百分含量表示，并说明是水溶性或总量。

（2）样品 pH 的测定

由于固体废弃物的不均匀性，测定时应将各点分别测定，测定结果以实际测定 pH 范围表示，而不是通过计算混合样品平均值表示；由于样品中二氧化碳含量影响 pH，并且二氧化碳达到平衡极为迅速,所以采样后要立即测定。

2. 生活垃圾特性分析

该垃圾场的处置方式为填埋,故主要项目为渗滤液分析等。渗滤液的特性取决于它的组成和浓度。由于不同国家、不同地区、不同季节的生活垃圾组分变化很大,并且随着填埋时间的不同,渗滤液组分和浓度也会变化。因此它具有以下三个特点:

成分的不稳定性:主要取决于垃圾组成。

浓度的可变性:主要取决于填埋时间。

组成的特殊性:垃圾中存在的物质在渗滤液中不一定存在;一般废水中含有的污染物在渗滤液中不一定有,例如油类、氰化物、铬和汞等,这些特点影响着监测项目。

渗滤液是不同于生活污水的特殊污水。如在一般生活污水中,有机物主要是蛋白质(质量分数 40%~60%)、糖类(质量分数 25%~50%)以及脂肪、油类(质量分数 10%)。但在渗滤液中几乎不含油类,因为生活垃圾具有吸收和保持油类的能力;氰化物是地表水监测中的必测项目,但在填埋处理的生活垃圾中,各种氰化物转化为氢氰酸,并生成复杂的氰化物,所以在渗滤液中很少测到氰化物的存在;金属铬在填埋场内,因有机物的存在被还原为三价铬,从而在中性条件下被沉淀为不溶性的氢氧化物,所以在渗滤液中不易测到金属铬;汞则在填埋场的厌氧条件下生成不溶性的硫化物而被截留。因此,渗滤液中几乎不含上述物质。

下面介绍渗滤液分析:

(1)主要监测项目

主要监测项目包括色度、总固体、总溶解性固体和总悬浮性固体、硫酸盐、氨氮、凯氏氮、氯化物、总磷、pH、BOD、COD、钾、钠、细菌总数、总大肠菌。

色度采用稀释倍数法,其原理是以将样品用光学纯水稀释至用目视比较与光学纯水相比刚好看不见颜色时的稀释倍数作为表达颜色的强度,单位为倍。

总固体采用重量法。① 总固体的测定:将混合均匀的水样,在称至恒重的蒸发皿中于蒸气浴或水浴上蒸干,并置于 103~105 ℃烘箱内烘至恒重。蒸发皿两次恒重后,称量所增加的质量即为总固体质量。② 溶解性固体:将过滤后的水样放在称至恒重的蒸发皿内蒸干,再在一定温度下烘干至恒重时蒸发皿中的剩余物质。将蒸发皿加水样于 103~105 ℃烘干、冷却、称重(蒸发皿 + 总固体),取出后在干燥器中冷却,如此反复称至恒重(蒸发皿 + 固定性固体)。分析可知,损失的质量即为挥发性固体的含量,所留存的质量即为固定性固体的量。③ 总悬浮性固体:水样经过滤后,留在过滤器材(0.45 μm 滤膜)上的固体物质,在103~105 ℃烘至恒重所称得的质量减去过滤器材(0.45 μm 滤膜)自身的质量,即为总悬浮固体质量。

渗滤液中硫酸盐可采用重量法。硫酸盐在用盐酸酸化的溶液中,在加热近沸的温度下,滴加温热的氯化钡溶液沉淀出硫酸钡晶体,再经陈化后过滤,用温水洗涤沉淀到无氯离子为止,然后烘干,并在 800 ℃灼烧后称重,从称得的 $BaSO_4$ 质量计算。悬浮物、二氧化硅、硝酸盐和亚硫酸盐及沉淀剂氯化钡等可造成结果的正误差;沉淀中的碱金属硫酸盐,特别是碱金属硫酸氢盐可造成负误差。由于铬和铁等的存在,会形成铬和铁的硫酸盐而影响硫酸钡的完全沉淀,也使结果偏低。

氨氮采用蒸馏滴定法和纳氏试剂比色法。用 pH 为 7.4 的磷酸盐缓冲溶液,使试样处于微碱性状态,经加热蒸馏,随水蒸气逸出的氨被硼酸溶液吸收,以甲基红-亚甲蓝混合液作指示剂,用标准酸滴定馏出液中的铵。挥发性碱性化合物(如肼和胺类等)会同氨一起馏出,并在滴定时与酸反应而使测定结果偏高。

凯氏氮采用硫酸汞催化消解法。渗滤液试样中的有机氮在催化剂硫酸汞的存在下,用硫酸消解,为提高消解液沸点,还加一定量的硫酸钾。在这样的消解条件下,有机氮、游离氨和铵离子也转变成硫酸铵。但与此同时,有部分铵离子形成汞铵络合物。通过加碱蒸馏,氨从硫酸铵中释放出来,在碱液中加入硫代硫酸钠,将汞铵络合物分解,并使分解出来的铵离子转化成氨,也随水蒸气一起蒸馏出来。随水蒸气蒸馏出来的氨,经硼酸吸收,用甲基红-亚甲蓝混合指示剂,以标准酸滴定馏出液中的铵。

总氮采用碱性过硫酸钾消解紫外分光光度法。在 60 ℃ 以上水溶液中,过硫酸钾可分解产生硫酸氢钾和原子态氧,硫酸氢钾在溶液中离解而产生氢离子,故在氢氧化钠的碱性介质中可促使分解过程趋于完全。分解出的原子态氧在 120～124 ℃ 条件下,可使水样中含氯化合物的氮元素转化为硝酸盐。并且在此过程中有机物同时被氧化分解。可用紫外分光光度法于波长 220 nm 和 275 nm 处,分别测出吸光度 A_{220} 及 A_{275},求出校正吸光度 $A_A = A_{220} - 2A_{275}$,按 A 的值查校准曲线并计算总氮(以 N 计)含量。

氯化物采用硝酸银滴定法。在中性或弱碱性溶液中,以铬酸钾作指示剂,用硝酸银标准溶液进行滴定。氯化银沉淀的溶解度比铬酸银小,因此溶液中首先析出氯化银沉淀,待白色的氯化银完全沉淀以后,稍过量的硝酸银即与铬酸钾生成砖红色的铬酸银沉淀,从而指示到达终点。溴化物、碘化物和氰化物均会引起与氯化物相同的反应而在结果中均以氯化物计入,硫化物、亚硫酸盐和硫代硫酸盐干扰测定,正磷酸盐含量超过 25 mg/L 时,因生成磷酸盐沉淀而发生干扰,铁含量超过 10 mg/L 时会使终点模糊;当色度大而难以辨别滴定终点时,一般采用氢氧化铝悬浮液进行沉降过滤来消除。

总磷采用钒钼磷酸盐分光光度法。试样中的有机磷,在硝酸-硫酸的联合氧化作用下,转化成正磷酸盐,聚合磷酸盐也转变成正磷酸盐。在酸性条件下,正磷酸盐与钼酸铵反应。生成钼磷酸铵的杂多酸盐,当有钒酸盐时,便形成一种稳定的黄色钒钼磷酸盐,黄色的深度与正磷酸盐的浓度成正比,因此可用分光光度计进行比色测定。硅、砷酸盐、硫化物和过量的钼酸盐等都会引起干扰,二价铁的浓度小于 100 mg/L 不影响测定结果,而氯化物浓度达 75 mg/L 时就有干扰。

五日生化需氧量采用稀释与培养法。生化需氧量是指在规定的条件下,微生物分解水中的某些可氧化的物质,特别是分解有机物的生物化学过程消耗的溶解氧。通常情况下是指水样充满完全封闭的溶解氧中,在 (20 ± 1)℃ 的暗处培养 5 d $\pm$ 4 h 或 $(2+5)$d $\pm$ 4 h。先在 0～4 ℃ 的暗处培养 2 d,接着在 (20 ± 1)℃ 的暗处培养 5 d,即培养 $(2+5)$d。分别测定培养前后水样中溶解氧的质量浓度,由培养前后溶解氧的质量浓度之差,计算每升样品消耗的溶解氧量,以 BOD_5 形式表示。由于渗滤液中含有较多的需氧物质,其需氧量往往超过空气饱和水中可能有的溶解氧量,因此在培养前应稀释样品,以使需氧和供氧达到适当的平衡,稀释时细菌生长所需的营养物和合适的 pH 范围都需满足。对不含或含微生物少的工业废水,如酸性、碱性、高温、冷冻保存或经过氯化处理等的废水,在测定 BOD_5 时,应进行接种,以引进可分解废水中有机物的微生物。当废水中存在难以被一般生活污水中的微生物以正常的速度降解的有机物或含有剧毒物质时,应将驯化后的微生物引入水样中进行接种。

化学需氧量采用重铬酸钾法。试样在硫酸溶液中。与已知过量的重铬酸钾在以硫酸银作催化剂和硫酸汞作消除氯离子干涉的掩蔽剂存在下,进行固定时间的加热回流。在回流时间内,有部分重铬酸盐被存在的可被氧化的物质还原。以试亚铁灵作指示剂,用硫酸亚铁铵滴定剩余重铬酸盐,由消耗的重铬酸盐量计算 COD 值。当氯离子含量高于 2000 mg/L 时会影响测定结果。无机还原性物质如亚硝酸盐、硫化物及二价铁盐将使结果增加,将其需氧量作为水样 COD 值的一部分是可接受的。该实验的主要干扰为氯化物,可加入硫酸汞部分去除,经回流后,氯离子可与硫酸汞结合成可溶性的氯汞络合物。当氯离子含量超过 1000 mg/L 时,COD 的最低允许值为 250 mg/L,若低于此值,则结果的准确度不可靠。

钾和钠采用火焰光度法。将试样中与有机物结合的以及与悬浮颗粒相结合的钾与钠,在硝酸-硫酸的联合氧化作用下转化成盐溶液。将消解液中的全部钾、钠盐溶液,以雾滴状引入火焰中,靠火焰的热能将其激发,并使其辐射出特征谱线(钾:766.5 nm,钠:589.0 nm),谱线强度与钾、钠原子的浓度有着定量关系,再利用光电检测系统进行测定。碱金属之间可相互增强激发,如钙、锶的存在使钾、钠的发射强度增大;一些常见的阴离子,如硝酸根、硫酸根、重碳酸根、氯离子和磷酸根都会使结果偏低,尤以氯离子和磷酸根影响严重。

细菌总数采用平板菌落计数法。每种细菌都有一定的生理特性,应用不同的营养物质及其他生理条件(如温度、培养时间、pH、需氧性质等)去满足它,才可分别将各种细菌培养出来。在实际工作中,一般都只用一种方法(即在营养琼脂培养基中,于 37 ℃下经 24 h 培养)进行细菌总数的测定,因此所得结果只包括一群宜在营养琼脂上发育的嗜中温性需氧及兼性厌氧的细菌菌落总数。

总大肠菌群的检测可采用多管发酵法。根据总大肠菌群具有的生物特征,如革兰氏阴性无芽孢杆菌,在 37 ℃下于乳糖内培养可发酵,并在 24 h 内产酸、产气,将不同稀释度的试样接种到具有选择性的乳糖培养基中,经培养后根据阳性反应结果,测出原试样中总大肠菌群的 MPN 值。

(2) 渗滤液采样点的选择

废物堆场设有渗滤液渠道和集水井,直接在渗滤液渠道和集水井采集。

(3) 渗滤试验

使用生活垃圾渗滤柱来研究生活垃圾渗滤液的产生过程和组成变化。渗滤柱的壳体由钢板制成,总容积为 0.339 m³,柱底铺有碎石层,体积为 0.014 m³,柱上部再铺碎石层和黏土层,体积为 0.056 m³,柱内装垃圾的有效容积为 0.269 m³。黏土和碎石应采自研究场地,碎石直径一般为 1~3 mm。试验时,添水量根据当地降水量确定(×市平均年降水量为 1100 mm)。

【监测结果】

根据监测结果,对数据进行计算,综合评价监测结果。

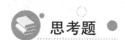
思考题

(1) 简述生活垃圾监测的特点。

(2) 我国危险废物的定义是什么?监测的特殊性在哪里?

(3) 根据项目相关资料列出该项目所执行的排放标准。

案例 8 种植基地土壤环境质量监测

虽然现代科技"可上九天揽月，可下五洋捉鳖"，但每个人的生活都离不开土壤。土壤通过微生物、植物及其食物链为人类提供能源和粮食，土壤的吸附功能为人类净化地表水体，土壤微生物的分解性能为人类处置各种废弃物和排泄物。人类的粮食除了水产品外，都需要通过土壤生产。粮食的数量安全、质量安全和营养安全无不牵涉人类的健康。土壤在整个地球的厚度恰如人体的表皮，但正是这一极薄层承载了人类文明的产生、保护和发展。

近年来，国家对土壤污染越来越重视，土壤环境监测成为环境监测的必检项目。土壤监测技术广泛应用于农业生产及污染场地监测。土壤污染具有隐藏性、潜伏性、可逆性差以及治理难的特点，尽早用土壤监测技术发现土壤污染，就可以及时采取相应的措施，防范土壤污染情况的发生。

土壤环境监测是指通过对影响土壤环境质量因素的代表值的测定，确定环境质量或污染程度及其变化趋势。我们通常所说的土壤监测是指土壤环境监测，其一般包括布点采样、样品制备、分析方法、结果表征、资料统计和质量评价等技术内容。我国土壤监测技术虽然起步较晚，但在近 50 年发展迅速。在 20 世纪 80 年代，通过分光光度法测量了土壤中的 9 种元素，积累了大量的土壤背景值，并以此展开相关研究。随着科学技术的飞跃发展，土壤环境监测正逐步走向自动化时代。我国在逐步完善监测体系的建设，创新环境监测方法，提高国产监测仪器的竞争力。为打响污染防治攻坚战，更好建设生态文明做出不懈努力。未来的土壤监测工作，将朝向自动化、智能化、精细化的方向发展。因此，要进一步提高自主创新能力，加大对相关人才的培养力度，推动土壤监测网络平台的建设，提高环境监测工作的质量。

基于此，本项目以×地区×种植基地为例，详细叙述土壤质量例行监测的过程。学生通过案例的学习，掌握此类监测的基本要求，了解土壤样品加工和管理过程，了解土壤环境质量相关标准，学习相关评价方法。

【监测目的】

（1）监测土壤质量现状，了解种植基地现有的环境概况，了解土壤主要的污染情况，并依此分析可能存在的污染源。

（2）为土壤现状及环境影响评价提供依据，为改善农业种植环境提出合理化建议。

（3）为环境管理的实施提供理论依据。

【背景资料】

1. 基本情况

作为中国农业科技×创新中心重要平台的植物种植基地,位于×县×镇,南连高速公路,北临×湖水库,总面积×亩,为丘陵地貌,土质为白浆土。原有农田基础设施条件较差,肥力一般,经过改造之后,完全能满足粮、油、棉、菜、果、花等不同作物生长发育的需要。基地生态条件优越,周边无污染源,作为基地试验地主要灌溉水源的×水库水质,达二类水标准。基地所在区域为北亚热带气候区,在长江中下游地区具有一定的代表性。

该植物种植基地于×年×月×日正式开工,经科学设计、公开招标、精心施工,到×年底建设任务基本完成。总投资 1.2×10^8 元,其中土地费用 5.0×10^7 元,建设费用 7.0×10^7 元。到目前为止,已建成高标准试验地 1000 亩,其中水田约 450 亩,旱地约 550 亩。共挖运土 8.0×10^4 m³、修筑机耕路 11.2 km、灌渠 4250 m、排沟 9000 m、护坡 3×10^4 m²、涵闸 400 多座,并建成了大门及主干道、配电房、蓄水塘、泵站、泄洪沟桥、设施大棚、喷灌设施、围栏、绿化带、草坪等一系列附属工程。基地共建成试验培训区、东区、西区 3 个建筑群,总面积约 1.3×10^4 m²。其中试验培训区房屋建筑面积 6200 m²,包括实验楼、培训楼和职工餐厅;东、西两区房屋建筑面积 6700 m²,包括农机房、农资房、工人宿舍等,水泥晒场占地 9500 m²。

该种植基地拟建成软硬件条件达国内一流水平,同时具备科技创新、示范培训、产业带动、旅游观光等功能的综合性农业科研平台。基地田间试验、实验办公、会议食宿等设施配套齐全。试验地全部格田成方,整理推平,水田、旱地齐全,露地、大棚兼备,沟、渠、路、网标准配套,灌、排系统相互独立,水田自流灌溉,旱地喷滴灌溉。根据土地使用和管理方式的不同,对监测地土地利用类型展开调查,得出监测地土地利用类型主要可分为大田类、果林类和设施农业类。其中大田类进一步分为东冲粮经作物试验区(水田)、西冲粮经作物试验区(水田)、中冲油料作物试验区和棉花区。果林类分为西丘果园休旅采摘区、东丘园艺试验展示区、东丘百果园、东丘梨园区、东丘桃园区、中丘防虫网蔬菜区。设施农业分为中丘设施蔬菜园艺试验展示区、东丘休旅园艺区、设施油菜区、东丘设施葡萄区、设施蔬菜区、设施花卉区、设施草莓区。基地提供了一个多功能的作物试验展示平台。

此外,该种植基地有一区域为 DUS 测试区。DUS 测试即新品种测试,是对申请保护的植物新品种进展特异性(distinctness)、一致性(uniformity)和稳定性(stability)的栽培鉴定试验或室内分析测试的过程。根据特异性、一致性和稳定性的测试结果,判定测试品种是否属于新品种,为植物新品种保护提供可靠的判定依据。

2. 污染源分析

基地原有的农田基础设施条件较差,肥力一般,但经过改造之后,完全能够满足粮、油、棉、菜、果、花等不同作物生长发育的需要。基地临近高速公路,因此高速公路汽车尾气排放是主要的污染源,其次周边的一些建设生产也会给基地带来诸如重金属等污染。此外,来自种植业自身化肥的施用也是土壤的污染源之一。最后,南方常见酸沉降,也会导致土壤污染。

【监测项目】

1. 监测项目

根据监测目的的不同,确定监测项目。背景值要求测定土壤中各种元素的含量;事故监测仅测定可能造成土壤污染的项目;质量监测测定影响自然生态和植物正常生长及危害人体健康的项目。

所有项目均有必测和选测项目,根据实际情况确定。

根据本项目基本资料,确定以下监测项目:

(1) 土壤基本理化性质

土壤 pH、有机质含量、阳离子交换量及总氮、磷、钾含量。

(2) 土壤重金属

Cu、Pb、Hg、As、Cr、Zn、Ni。

2. 监测频率

一般在农作物收获期采样测定,必测项目一年一次,其他项目 3—5 年一次。因此,本项目在植物夏收或者秋收后进行采样,采样频率为一年一次。

【监测采样布点】

1. 采样点布设原则

(1) 合理地划分采样单元。

(2) 对于土壤污染监测,采取"哪里有污染就在哪里布点"的基本原则。

(3) 采样点不能设在田边、沟边、路边、肥堆边及水土流失严重或表层土被破坏处。

2. 采样点布设方法

对角线布点法:适用于面积较小、地势平坦的污水灌溉或污染河水灌溉的田块。

梅花形布点法:适用于面积较小、地势平坦、土壤物质和污染程度较均匀的地块。

棋盘式布点法:适用于中等面积、地势平坦、地形完整开阔的地块,一般设 10 个以上的点。该法也适用于受固体废弃物污染的土壤,应设 20 个以上的点。

蛇形布点法:适用于面积较大、地势不是很平坦、土壤不够均匀的田块。

放射状布点法:适用于大气污染型土壤。

网格布点法:适用于地形平缓的地块。农用化学物质污染型土壤、土壤背景值调查常用这种方法。

如图 8.1 所示,根据实地考察的结果,结合不同区域地形特点采用不同的布点方法。其中大棚种植区以及大面积的露天种植区,采用棋盘式布点法进行采样点的布设。对于小面积的露天种植区,采用梅花形布点法。对于丘陵林地,采用蛇形布点法。

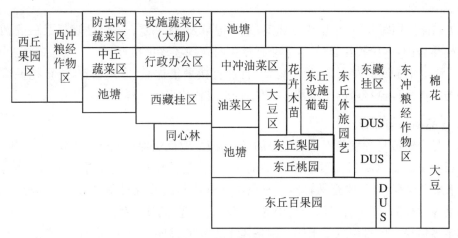

图 8.1　种植基地示意图

【采样】

1. 样品的采集

土壤样品的采集包含前期采样(背景调查,为制定方案提供依据)、正式采样以及补充采样。在采集土壤时,根据土壤剖面颜色、结构、质地、疏松度和植物根系分布划分土层。观察记录剖面的形态和特征(颜色、质地等)。自下而上取土,分别装入土袋。当地下水位较高时,挖至地下水出露时止。现场记录实际采样深度,如 0～20 cm、50～65 cm、80～100 cm。在各层典型中心部位自下而上采样,切忌混淆层次、混合采样。在山地土壤土层薄的地区,亚层、淀积层(B)发育不完整时,只采表层、腐殖质淋溶层(A)和风化母岩层、母质层(C)层样。干旱地区剖面发育不完整的土壤,采集表层(0～20 cm)、中土层(50 cm)和底土层(100 cm)附近的样品。

根据现场调研及采样点的布设,对于种植一般农作物区,采集 0～20 cm 耕作层土壤;对于果林类种植区,采集 0～60 cm 耕作层土壤。将在一个采样单元内各采样点采集的土样混合均匀制成混合样,采用四分法留 1～2 kg 装袋。四分法分样具体流程如下:将采集的土样弄碎,除去石砾和根、叶、虫体,并充分混匀铺成圆形,等分成四份,淘汰对角两份,再把留下的部分合在一起,即为平均土样。如果所得土样数量仍太多,可再用四分法处理,直到留下的土样达到所需数量(1 kg),将保留的平均土样装入干净布袋或塑料袋内,并附上标签。四分法示意图见图 8.2。

图 8.2　四分法示意图

注意事项：

（1）采样的同时，填写土壤样品标签、采样记录表、样品登记表。土壤样品一式两份，一份放入样品袋内，一份扎在袋口，并于采样结束时在现场逐项检查。

（2）测定重金属的样品，尽量用竹铲、竹片直接采集样品，或用铁铲、土铲挖掘后，用竹片刮去与金属采样器接触的土壤部分，再用竹铲或竹片采集土样。

2. 样品制备与保存

对于易分解或易挥发等不稳定组分的样品，应采取低温保存的运输方法，并尽快送到实验室分析测试。测试项目需要新鲜样品的土样，采集后用可密封的聚乙烯或玻璃容器在4 ℃以下避光保存，样品要充满容器。避免用含有待测组分或对测试有干扰的材料制成的容器盛装保存样品，测定有机污染物用的土壤样品要选用玻璃容器保存。

测定多数稳定项目用风干土样。制备风干土样的程序是风干、磨细、过筛、混合、分装。具体过程如下：

风干：在晾干室将湿样放置于晾样盘，摊成 2 cm 厚的薄层，并间断地压碎、翻拌，拣出碎石、沙砾及植物残体等杂质。用白色搪瓷盘及木盘晾干。

磨细、过筛、混合：在磨样室将风干样倒在有机玻璃板上，用锤、滚、棒再次压碎，拣出杂质并用四分法分取压碎样，全部过 20 目尼龙筛。过筛后的样品全部置于无色聚乙烯薄膜上，充分混合至均匀。经粗磨后的样品用四分法分成两份，一份交样品库存放，另一份进行细磨。粗磨样可直接用于土壤 pH、土壤代换量、土壤速测养分含量、元素有效性含量分析。用于细磨的样品用四分法第二次缩分成两份，一份备用，一份研磨至全部过 60 目或 100 目尼龙筛，过 60 目（孔径为 0.25 mm）的土样，用于农药或土壤有机质、土壤总氮量等分析；过 100 目（孔径为 0.149 mm）的土样，用于土壤元素全量分析。

磨样用玛瑙研磨机、玛瑙研钵、白色瓷研钵、滚、棒、锤、有机玻璃棒、有机玻璃板、硬质木板、无色聚乙烯薄膜等。过筛用尼龙筛的规格为 20～100 目。

分装：经研磨混均匀后的样品，分装于样品袋或样品瓶。填写土壤标签，一式两份，瓶内或袋内放 1 份，外贴 1 份。分装用具塞磨口玻璃瓶、具塞无色聚乙烯塑料瓶、无色聚乙烯塑料袋或特制牛皮纸袋，规格视量而定。

样品的采集和制备的方法和程序严格按照《农田土壤环境质量监测技术规范》进行。

土壤样品保存原则：

（1）一般土壤样品需保存半年至一年，以备必要时查核之用。

（2）贮存样品应尽量避免日光、潮湿、高温和酸碱气体等的影响。

（3）玻璃材质容器是常用的优质贮存容器；聚乙烯塑料容器也是推荐容器之一，该类贮存容器性能良好、价格便宜且不易破损。

（4）将风干土样、沉积物或标准土样等贮存于洁净的玻璃或聚乙烯容器之内。在常温、阴凉、干燥、避阳光、密封（石蜡涂封）条件下保存 30 个月是可行的。

（5）将测定挥发性和不稳定组分用的新鲜土壤样品放在玻璃瓶中，置于低于 4 ℃的冰箱内存放，可保存半个月。

【监测分析方法】

1. 预处理

土壤样品组分复杂、污染组分含量低，并且处于固体状态。在测定重金属离子前，要进行预处理，包含分解和提取步骤。

（1）分解

测定重金属离子要用分解法。分解的目的是破坏土壤的矿物晶格和有机质，使待测元素进入试样溶液中。分解法有以下几种：

酸分解法：是测定土壤中重金属常选用的方法。常用混合酸消解体系，必要时加入氧化剂或还原剂加速消解反应。比如盐酸-硝酸-氢氟酸-高氯酸分解法。消解时要控制好温度，温度过高易造成结果偏低。

碱熔分解法：将土壤样品与碱混合，在高温下熔融，使样品分解。

高压釜密闭分解法：将用水润湿、加入混合酸并摇匀的土样放入密封的聚四氟乙烯坩埚内，置于耐压的不锈钢套筒，放在烘箱内加热（一般不超过 180 ℃）分解。

微波炉加热分解法：将土壤样品和混合酸放入聚四氟乙烯容器中，置于微波炉内加热使试样分解。

（2）提取

测定有机污染物和受热不稳定组分以及形态分析时需要提取。有机污染物常采用振荡提取法和索氏提取法。对于无机污染物则采用酸或者水提取。

土壤样品中待测组分被提取后，还可能存在干扰组分，或者达不到分析方法测定要求的浓度，需要进一步净化或者浓缩。常用的净化方法有层析法、蒸馏法，而浓缩的方法有 K-D 浓缩器法、蒸发法等。可根据具体需要进行选择。

2. 分析测试方法

各监测项目测定方法见表 8.1。

表 8.1　各监测项目测定方法

监测项目	仪器	测定方法
镉	原子吸收光谱仪	石墨炉原子吸收分光光度法
汞	测汞仪	冷原子吸收法
砷	分光光度计	二乙基二硫代氨基甲酸银分光光度法
铜	原子吸收光谱仪	火焰原子吸收分光光度法
铅	原子吸收光谱仪	石墨炉原子吸收分光光度法
铬	原子吸收光谱仪	火焰原子吸收分光光度法
锌	原子吸收光谱仪	火焰原子吸收分光光度法
镍	原子吸收光谱仪	火焰原子吸收分光光度法
钾	电感耦合等离子体发射光谱仪	碱熔-电感耦合等离子体发射光谱法
pH	pH 计	pH 测定
阳离子交换量（CEC）	分光光度计	三氯化六氨合钴浸提-分光光度法

续表

监测项目	仪器	测定方法
有机质含量	容量法	重铬酸钾容量法
总氮	凯氏法	凯氏法
总磷	分光度计	碱熔-钼锑抗分光光度法

（1）土壤 pH 测定

要点：称取通过 1 mm 孔径筛的土样 10 g 并置于烧杯中，加无二氧化碳蒸馏水 25 mL，轻轻摇动后用电磁搅拌器搅拌 1 min，使水和土充分混合均匀，放置30 min，用 pH 计测量上部浑浊液的 pH。

干扰因素：土粒的粗细及水土比均对 pH 有影响。一般酸性土壤的水土比保持 5：1～1：1，碱性土壤水土比以 1：1 或 2.5：1 为宜。水土比增加，测得的 pH 偏高。

（2）金属离子测定

土壤中金属离子的测定方法与水和废水监测中金属离子的测定方法基本相同，仅在预处理方法和测量条件方面有差异。测定程序见图 8.3。重金属测定参数见表 8.2。

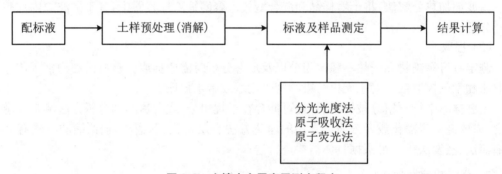

图 8.3　土壤中金属离子测定程序

表 8.2　重金属离子测定参数

方法	火焰原子吸收法				石墨炉原子吸收法	
元素	铜	锌	铬	镍	铅	镉
测定波长/nm	324.8	213.8	357.9	232.0	283.3	228.8
通带宽度/nm	1.3	1.3	0.7	0.2	1.3	1.3
灯电流/mA	7.5	7.5		12.5	7.5	7.5
火焰性质	氧化性	氧化性	还原性	中性		
其他可测定波长/nm	327.4 225.8	307.6	359.0 360.5 425.4			
消除/(℃/s)					2700/3	3600/3
氩气流量/(mL/min)					200	200
原子化阶段是否停气					是	否
进样量/μL					10	10

（3）土壤有机质含量测定

原理：在加热的条件下，用过量的重铬酸钾-硫酸（$K_2Cr_2O_7$-H_2SO_4）溶液，来氧化土壤有机质中的碳，$Cr_2O_7^{2-}$ 等被还原成 Cr^{3+}，剩余的重铬酸钾（$K_2Cr_2O_7$）用硫酸亚铁（$FeSO_4$）标准溶液滴定，根据消耗的重铬酸钾量计算出有机碳量，再乘以常数 1.724，即为土壤有机质质量。

测定步骤：

① 在分析天平上准确称取通过 60 目筛子的土壤样品 0.1～0.5 g（精确到 0.0001 g）。用长条蜡光纸把称取的样品全部倒入干的硬质试管中，用移液管缓缓、准确加入 0.136 mol/L 重铬酸钾-硫酸（$K_2Cr_2O_7$-H_2SO_4）溶液 10 mL，在加入约 3 mL 时，摇动试管，以使土壤分散，然后在试管口加一小漏斗。

② 预先将液状石蜡油或植物油浴锅加热至 185～190 ℃，将试管放入铁丝笼中，然后将铁丝笼放入油浴锅中加热，放入后温度应控制在 170～180 ℃，待试管中液体沸腾发生气泡时开始计时，煮沸 5 min，取出试管，稍冷，擦净试管外部油液。

③ 冷却后，将试管内容物小心仔细地全部洗入 250 mL 的三角瓶中，使瓶内总体积在 60～70 mL，保持其中硫酸浓度为 1～1.5 mol/L，此时溶液的颜色应为橙黄色或淡黄色。然后加邻啡罗啉指示剂 3～4 滴，用 0.2 mol/L 的标准硫酸亚铁（$FeSO_4$）溶液滴定，溶液由黄色经过绿色、淡绿色突变为棕红色即为终点。

④ 在测定样品的同时要做两个空白实验，取其平均值。可用石英砂代替样品，其他过程同上。

（4）土壤 CEC 的测定

原理：在（20±2）℃条件下，用三氯化六氨合钴溶液作为浸提液浸提土壤，土壤中的阳离子被三氯化六氨合钴交换下来进入溶液。三氯化六氨合钴在 475 nm 处有特征吸收，吸光度与浓度成正比，根据浸提前后浸提液吸光度差值，计算土壤阳离子交换量。

测定步骤：

① 在测定土壤 CEC 之前，先对土壤干物质和水进行测定。

② 将风干的样品过尼龙筛，充分混匀。称取 3.5 g 混匀后的样品置于 100 mL 离心管中，加入三氯化六氨合钴溶液 50.0 mL，旋紧离心管密封盖。置于振荡器上，在（20±2）℃下振荡（60±5）min。期间根据需要调节振荡频率，使土壤浸提液混合物在振荡过程中始终保持悬浮状态。振荡完成后，将样品置于离心机中，以 4000 r/min 转速离心 10 min。采用滤纸或针头过滤器对浸提液进行过滤，收集上清液，去除浸提液中所含悬浊物对测定结果的影响。以水为参比，在波长 475 nm 处测量吸光度。

③ 用实验用水代替土壤，按照试样制备相同的步骤进行空白试样的制备。

④ 移取三氯化六氨合钴标准溶液 0 mL、1.00 mL、3.00 mL、5.00 mL、7.00 mL、9.00 mL 于 10 mL 比色管中，分别用水稀释至刻度，得不同浓度的标准溶液。在波长 475 nm 处，以水为参比，分别测量吸光度，以三氯化六氨合钴的浓度为横坐标，其对应吸光度为纵坐标绘制标准曲线。

⑤ 按照下式进行结果的计算：

$$CEC = (A_0 - A)V \times 3/(b \times m \times w_{dm}) \tag{8.1}$$

式中，CEC 为土壤阳离子交换量，cmol/kg；A_0 为空白试样吸光度；A 为试样吸光度或者校正吸光度；V 为浸提液体积，mL；3 为[Co(NH₃)₆]³⁺的电荷数；b 为标准曲线斜率；m 为取样量，g；w_{dm}为土壤样品干物质含量，%。

质量控制要求：按照标准要求每批样品应作标准曲线。相关系数应不小于 0.9990；每批样品至少加做 10%的平行样和 10%的有证标准物质，样品量少于 10 个时，应加做不少于 1 个平行样。

【质量保证和质量控制】

质量保证和质量控制是决定土壤污染状况调查成败的关键，要求采样布点、样品运输与保存、样品制备、实验室分析、数据处理等过程均严格执行《土壤环境监测技术规范》(HJ/T 166—2004)和有关技术规定的要求，抓好全过程的质量保证和质量控制工作，确保本次监测结果的科学性、准确性和可靠性。

（1）土壤样品采集制备、样品前处理等均要满足《土壤环境监测技术规范》有关的质控要求。采样记录、样品交接记录、前处理记录、分析记录、数据处理、报告等归档记录齐全。建立土壤样品档案，保证每个样品都可以进行再现性的样品复测。

（2）样品分析质量控制，包括空白实验、精密度控制、准确度控制、质量控制等，确保分析测试结果准确、可信。

（3）数据的管理和评价，包括异常值的处理以及分析测定过程中的记录等。

（4）省级环境监测站可组织地市级站开展实验室间比对和能力验证活动，确保实验室检测质量水平，保证出具数据的可靠性和有效性。

土壤环境监测质量控制与质量保证的其他技术要求参照《土壤环境监测技术规范》(HJ/T 166—2004)中的相关内容。

【监测结果】

测定结果见表 8.3～表 8.4。

表 8.3 土壤基本理化性质

		pH	有机质 /(g/kg)	CEC /(cmol/kg)	TN /(g/kg)	有效磷 /(mg/kg)	有效钾 /(mg/kg)
大田	东冲粮经作物试验区(水田)	7.92	56.1	17.7	3.04	23.5	84
	西冲粮经作物试验区(水田)	7.6	60.3	16.7	3.4	24.3	80
	中冲油料作物试验区	7.53	54.2	23.4	2.98	22.5	90
	棉花区	7.92	57.8	15.6	3.15	26.1	78
果园	西丘果园休旅采摘区	7.76	56.1	17.7	3.44	25.2	83
	东丘园艺试验展示区	7.93	54.2	17.5	3.04	24.5	85
	东丘百果园	7.78	55.2	16.7	3.17	23.1	83
	东丘梨园区	7.85	54.1	18.1	3.32	23.5	82
	东丘桃园区	7.54	57.8	19.3	3.14	23.6	88

续表

		pH	有机质 /(g/kg)	CEC /(cmol/kg)	TN /(g/kg)	有效磷 /(mg/kg)	有效钾 /(mg/kg)
设施 农业	中丘防虫网蔬菜区	7.77	56.5	15.6	3.65	23.6	84
	中丘设施蔬菜园艺试验展示区	7.81	54.3	17.5	3.55	23.8	82
	东丘休旅园艺区	7.94	53.2.8	16.8	3.14	23.9	84
	设施油菜区	7.92	57.6	17.7	3.45	24.1	87
	东丘设施葡萄区	7.78	55.4	16.4	3.04	23.5	84
	设施蔬菜区	7.82	53.4	17.1	3.65	25.1	88
	设施花卉区	7.84	59.4	17.4	3.41	24.1	89
	设施草莓区	7.83	60.5	17.3	3.01	23.5	83
	DUS 测试区	7.78	66.5	14.5	3.04	27.1	92

表 8.4　重金属含量

（单位：mg/kg）

		Cu	Pb	Hg	As	Cr	Zn	Ni
大田	东冲粮经作物试验区（水田）	32.63	42.68	0.39	3.30	53.86	53.86	10.28
	西冲粮经作物试验区（水田）	32.51	43.04	0.41	2.94	54.22	54.58	10.64
	中冲油料作物试验区	31.34	42.62	0.33	3.36	53.80	53.74	10.22
	棉花区	34.25	42.79	0.50	3.19	53.97	54.08	10.39
果园	西丘果园休旅采摘区	33.15	43.08	0.79	2.90	54.26	54.66	10.68
	东丘园艺试验展示区	32.56	42.68	0.39	3.30	53.86	53.86	10.28
	东丘百果园	35.06	42.81	0.52	3.17	53.99	54.12	10.41
	东丘梨园区	32.65	42.96	0.67	3.02	54.14	54.42	10.56
	东丘桃园区	34.51	42.78	0.49	3.20	53.96	54.06	10.38
设施 农业	中丘防虫网蔬菜区	34.56	43.29	0.74	2.69	54.47	55.08	10.89
	中丘设施蔬菜园艺试 验展示区	32.41	43.19	0.90	2.79	54.37	54.88	10.79
	东丘休旅园艺区	32.18	42.78	0.49	3.20	53.96	54.06	10.38
	设施油菜区	32.15	43.09	0.80	2.89	54.27	54.68	10.69
	东丘设施葡萄区	32.45	42.68	0.39	3.30	53.86	53.86	10.28
	设施蔬菜区	32.65	43.29	0.72	2.69	54.47	55.08	10.89
	设施花卉区	32.45	43.05	0.76	2.93	54.23	54.60	10.65
	设施草莓区	32.65	42.65	0.36	3.33	53.83	53.80	10.25
	DUS 测试区	35.65	42.64	0.32	3.69	57.16	53.4	13.61

根据测定结果,对土壤环境质量评价如下:

1. 选用标准依据

基地主要为一般农田,有水田、蔬菜地、果园等。对标《土壤环境质量　农用地土壤污染风险管控标准(试行)》(GB 15618—2018)的要求。具体标准见表8.5和表8.6。

土壤质量基本上对植物和环境不造成危害和污染。

表8.5　农用地土壤污染风险筛选值

单位:mg/kg

序号	污染项目[a,b]		风 险 筛 选 值			
			pH≤5.5	5.5<pH≤6.5	6.5<pH≤7.5	pH>7.5
1	Cu	果园	150	150	200	200
		其他	50	50	100	100
2	Pb	水田	80	100	140	240
		其他	70	90	120	170
3	Hg	水田	0.5	0.5	0.6	1.0
		其他	1.3	1.8	2.4	3.4
4	Cr	水田	250	250	300	350
		其他	150	150	200	250
5	As	水田	30	30	25	20
		其他	40	40	30	25
6	Zn		200	200	250	300
7	Ni		60	70	100	190

注:a. 重金属和类重金属砷均按元素总量计。

　　b. 对于水旱轮作地,采用其中较严格的风险筛选值。

表8.6　农用地土壤污染风险管制值

单位:mg/kg

序号	污染项目	风 险 管 制 值			
		pH≤5.5	5.5<pH≤6.5	6.5<pH≤7.5	pH>7.5
1	Pb	400	500	700	1000
2	Hg	2.0	2.5	4.0	6.0
3	Cr	800	850	1000	1300
4	As	200	150	120	100

农用地土壤污染风险筛选值和管制值的使用应遵循以下原则:

当土壤中污染物含量等于或者低于表8.5规定的风险筛选值时,农用地土壤污染风险低,一般情况下可以忽略;当高于表8.5规定的风险筛选值时,可能存在农用地土壤污染风险,应加强土壤环境监测和农产品协同监测。当土壤中镉、汞、砷、铅、铬的含量高于表8.5规定的风险筛选值、等于或者低于表8.6规定的风险管制值时,可能存在食用农产品不符合质量安全标准等土壤污染风险,原则上应当采取农艺调控、替代种植等安全利用措施。当土壤中镉、汞、砷、铅、铬的含量高于表8.6规定的风险管制值时,食用农产品不符合质量安全标准,且难以通过安全利用措施降低农用地土壤污染风险,原则上应当采取禁止种植食用农产品、退耕还林等严格管控措施。

2. 计算标准指数

$$土壤单项污染指数 = \frac{污染物实测值}{污染物质量标准值(污染物背景值)}$$

$$土壤综合污染指数 = \sqrt{\frac{(平均单项污染指数)^2 + (最大单项污染指数)^2}{2}}$$

各指标单项污染指数见表8.7。

表8.7　各指标单项污染指数

		Cu	Pb	Hg	Cr	Zn	Ni	As
大田	东冲粮经作物试验区(水田)	0.33	0.18	0.39	0.15	0.18	0.05	0.16
	西冲粮经作物试验区(水田)	0.33	0.18	0.41	0.15	0.18	0.06	0.15
	中冲油料作物试验区	0.31	0.25	0.10	0.22	0.18	0.05	0.13
	棉花区	0.34	0.25	0.15	0.22	0.18	0.05	0.13
果园	西丘果园休旅采摘区	0.17	0.25	0.23	0.22	0.18	0.06	0.12
	东丘园艺试验展示区	0.33	0.25	0.12	0.22	0.18	0.05	0.13
	东丘百果园	0.18	0.25	0.15	0.22	0.18	0.05	0.13
	东丘梨园区	0.16	0.25	0.20	0.22	0.18	0.06	0.12
	东丘桃园区	0.17	0.25	0.14	0.22	0.18	0.05	0.13
设施农业	中丘防虫网蔬菜区	0.35	0.25	0.22	0.22	0.18	0.06	0.11
	中丘设施蔬菜园艺试验展示区	0.32	0.25	0.27	0.22	0.18	0.06	0.11
	东丘休旅园艺区	0.32	0.25	0.14	0.22	0.18	0.05	0.13
	设施油菜区	0.32	0.25	0.24	0.22	0.18	0.06	0.12
	东丘设施葡萄区	0.16	0.25	0.12	0.22	0.18	0.05	0.13
	设施蔬菜区	0.33	0.25	0.21	0.22	0.18	0.06	0.11
	设施花卉区	0.32	0.25	0.22	0.22	0.18	0.06	0.12
	设施草莓区	0.16	0.25	0.11	0.22	0.18	0.05	0.13
	DUS测试区	0.36	0.25	0.09	0.23	0.18	0.07	0.15

3. 结果分析

根据具体数据和标准指数计算结果及《土壤环境质量　农用地土壤污染风险管控标准(试行)》(GB 15618—2018),对基地的土壤环境质量状况进行具体分析和评价,并分析其主要的污染物。

由表8.7分析结果可以看出,植物科学基地的土壤环境质量状况符合土壤环境质量标准的相关要求,且各个指标均满足标准要求,整体的土壤环境质量状况较好。其中含量最多的金属离子为 Cu,其次为 Hg。根据实地考察观测结果以及具体监测数据,针对土壤环境质量的保护给出如下建议:

(1) 由于土壤污染具有隐蔽性、易累积性、长期性和难治理性,对土壤环境质量的改善应以预防为主。

(2) 防治土壤污染的首要任务是控制和消除土壤污染源,对于已经污染的土壤,可采取生物修复、客土法等措施治理,从而控制土壤污染物的迁移和转化以保证农产品的安全。

(3) 由于临近高速公路,土壤中 Pb、Hg 等重金属离子的含量增高,可在周边修建缓冲带以减小污染。

(4) 化学肥料的施用可导致土壤质量的下降,因此建议多施用有机肥料,以进一步改善土壤状况。

(5) 应建立监测数据库,了解土壤质量的变化情况,从而及时发现问题并提出更好的改进措施。

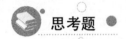 **思考题**

(1) 如何根据项目相关资料确定土壤监测采样布点?

(2) 采集土壤样品应注意什么?

(3) 土壤在制备过程中应该注意哪些事项? 为什么磨细过筛时要使土壤全部过筛,不得弃去未过筛部分?

(4) 本案例中,各指标的预处理方法有何不同? 为什么?

(5) 各监测指标除本方案中所列出的分析方法,还有哪些分析测定方法? 化学分析的主要误差来源是什么?

(6) 土壤环境质量的评价指标有哪些? 如何正确地评价土壤环境质量?

(7) 研读本监测报告,分析其监测过程是否合理,存在哪些缺陷,怎么改进。

案例 9　煤化工厂噪声监测

　　物体在空气中振动,且这种振动频率在 20～20000 Hz 范围,作用于人耳的鼓膜而产生的感觉称为声音。而噪声是由声源做无规则和非周期性振动产生的声音。噪声是指那些人们不需要的、令人厌恶的或对人类生活和工作有妨碍的声音。从环境保护的角度看,噪声是指超过人们生产、生活和社会活动所允许的声音程度。噪声带来的危害如下:干扰睡眠,影响工作效率;损伤听力,造成噪声性耳聋;诱发多种疾病;破坏建筑物等。为了保护人们的听力和身体健康,噪声的允许值在 75～90 dB。保障交谈和通信联络,环境噪声的允许值在 45～60 dB。睡眠条件最好在 35～50 dB。噪声的来源包含交通运输噪声、工业生产噪声、建筑施工噪声以及社会生活噪声。

　　×煤化工生产企业是一家经营销售煤炭、煤焦化工产品的股份制公司,主要噪声源有各类管式炉、加热炉、鼓风机、真空泵、除尘风机、通风机及各种泵类及加工设备。虽然厂方采取了多种噪声治理措施,但仍然对周边居民的正常生活产生了一定干扰,特别是夜间噪声污染。×市环境监测站接到监测任务后,立即组织技术人员前往现场开展噪声监测。在这次噪声监测过程中,现场情况复杂,布点和结果处理难度较大,为今后开展类似监测积累了宝贵的经验。

【监测目的】

　　对企业厂界噪声进行监测,并评价其是否达标。

【背景资料】

1. 企业概况

　　×省×煤化工生产企业是一家经营销售煤炭、煤焦化工产品的股份制公司。该工程位于×省交城县工业小区内,厂址位于×营工业园区内,周边村庄有×林村、×望、×村等,周围企业有焦化厂、铁合金厂、化工厂、磷肥厂等。该公司厂界北靠铁合金厂,南接项目预留地,东依×焦化厂,西临工业路并与×林村隔路相望,×林村在本工程环评时涉及居民搬迁工作。

　　工程环评时×林村民宅与本企业厂界最近距离约为 380 m,之后随着企业建设发展,且×林村民宅不断向企业方向推进,陆续新建了大量民宅,现最近的民宅距离企业厂界不足 100 m,并以公路为界与该企业隔路相望;此外×林村还在工程厂界西 400 m 向西新建了×林新村。

2．噪声控制措施

本工程建成后，主要噪声源有各类管式炉、加热炉、鼓风机、真空泵、除尘风机、通风机及其他加工设备等。在工程建设过程中，主要从合理选择机械设备，从声源上控制噪声，积极设置减噪隔振措施，设隔声墙、隔声间，加强高噪声岗位作业工人的个人防护等方面进行噪声控制。所采取的噪声防治措施主要如下：

（1）在满足工艺设计的前提下，选用了低噪声产品。

（2）煤气增压机、鼓风机、安全阀放散管和真空泵等设备设置了消声器、减震垫等。本工程共安装 10 台消声器，其中电站锅炉安装 2 台，氮气站安装 1 台，反应炉生产线安装 3 台，煤气加压风机房安装 4 台。

（3）循环水泵、煤气加压站设置了隔声室、采取吸声或隔声建筑材料。

（4）加强绿化，在总图布置时考虑了地形、厂房、声源方向性和车间噪声强弱等因素，进行合理的布局，厂内生产区与生活区隔离，生产区设置在厂内东部，生活区在西部，在生活区可绿化区域进行了绿化，对降低工厂边界噪声起一定作用。

3．噪声控制执行标准

2008 年 8 月，国家发布了《工业企业厂界环境噪声排放标准》（GB 12348—2008），取代了原有的 GB 12349—90 和 GB 12348—90，并针对社会生活环境首次发布了《社会生活环境噪声排放标准》（GB 22337—2008）。新标准发布后，企业厂界噪声执行现行噪声控制标准《工业企业厂界环境噪声排放标准》（GB 12348—2008）中 2 类区标准限值，即昼间 60 dB（A），夜间 50 dB（A），敏感点噪声执行《社会生活环境噪声排放标准》（GB 22337—2008）中 2 类区标准限值，即昼间 60 dB（A），夜间 50 dB（A）。

【监测布点】

工业企业噪声测点选择的原则如下：

根据工业企业声源、周围噪声敏感建筑物的布局以及毗邻的区域类别，在工业企业厂界布设多个测点，其中包括距噪声敏感建筑物较近以及受被测声源影响大的位置。

一般情况下，测点选在工业企业厂界外 1 m、高度 1.2 m 以上、距任一反射面距离不小于 1 m 的位置。当厂界有围墙且周围有受影响的噪声敏感建筑物时，测点应选在厂界外 1 m、高于围墙 0.5 m 以上的位置。当厂界无法测量到声源的实际状况时（如声源位于高空、厂界设有声屏障等），应按前述要求设置测点，同时在受影响的噪声敏感建筑物户外 1 m 处另设测点。室内噪声测量时，测量点位设在距任一反射面至少 0.5 m 以上、距地面1.2 m 高度处，在受噪声影响方向的窗户开启状态下测量。固定设备结构传声至噪声敏感建筑物室内，在噪声敏感建筑物室内测量时，测点应距任一反射面至少 0.5 m 以上、距地面 1.2 m、距外窗 1 m 以上，窗户关闭状态下测量。被测房间内的其他可能干扰测量的声源（如电视机、空调机、排气扇以及镇流器较响的日光灯、运转时出声的时钟等）应关闭。

若车间内各处 3 声级波动小于 3 dB，则只需在车间内选择 1～3 个测点；若车间内各处声级波动大于 3 dB，则应按声级大小，将车间分成若干区域，任意两区域的声级应大于或等于 3 dB，而每个区域内的声级波动必须小于 3 dB，每个区域取 1～3 个测点。如为稳态噪声则测量 A 声级，记为 dB（A）；如为不稳态噪声，测量等效连续 A 声级或测量不同 A 声级下的暴露时间,计算等效连续 A 声级。测量时使用慢挡,取平均读数。测量时要注意减少环境因素对测量结果的影响,如应注意避免或减少气流、电磁场、温度和湿度等因素对测量结果的影响。

考虑到本工程所处地理位置的敏感性,在进行厂界噪声测试的同时,进行敏感点环境噪声监测。该企业各类噪声在厂界的综合表征基本为稳态噪声,测量时采用积分平均声级计,监测分昼间、夜间两个时段在企业正常生产条件下进行,气象条件按照《工业企业厂界环境噪声排放标准》(GB 12348—2008)中规定的条件进行,厂界噪声测点根据企业的声源布设,监测期间对厂界共布设 12 个噪声测点;考虑到企业紧邻公路的特点和×林村居民的敏感性,监测时要尽量避开交通噪声的影响,同时对×林村敏感点进行测试,分别针对目前距×林村最近的居民点、环评时距×林村的最近居民点、×林新区 3 种情形共布 3 个测点。监测布点见图 9.1,监测内容详见表 9.1。

表 9.1 噪声监测内容

监测对象		监测项目	监测频次	监测要求
敏感点 (×林村)	厂界噪声 ×林村(目前最近居民点) ×林村(环评最近居民点) ×林新村	等效声级	连续两天, 每天昼、夜 各一次	全厂生产正常,生产负荷 ≥75% 在生产工况正常情况下测 试,测量时应避开公路交 通噪声

【监测仪器】

测量仪器为积分平均声级计或环境噪声自动监测仪,其性能应不低于 GB 3785 和 GB/T 17181 对 2 型仪器的要求。测量 35 dB 以下的噪声应使用 1 型声级计,且测量范围应满足所测量噪声的需要。校准所用仪器应符合 GB/T 15173 对 1 级或 2 级声校准器的要求。当需要进行噪声的频谱分析时,仪器性能应符合 GB/T 3241 中对滤波器的要求。

1. 声级计

声级计是按照一定的频率计权和时间计权测量声音的声压级和声级的仪器。

它是主观性的电子仪器。根据声级计灵敏度区分,有如下几类:

普通声级计:对传声器要求不太高。动态范围和频响平直范围狭窄,一般不配置带通滤波器。

精密声级计:其传声器要求频响宽,灵敏度高,长期稳定性好。放大器输出可直接和录音机连接,显示和存储噪声信号。

2. 其他噪声测量仪器

(1) 声级频谱仪

与声级计类似,添加完整计权网络(滤波器),可以将声频范围内的频率分成不同的频带进行测量。

一般采用倍频程划分频带;如果需要更详细的频谱分析,则添加窄频带分析仪。

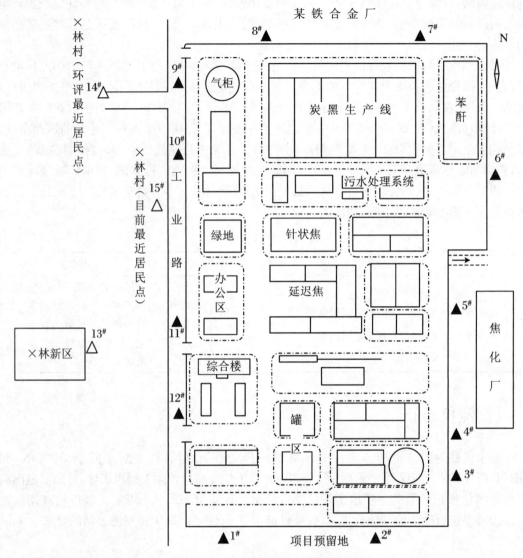

图 9.1 噪声监测布点示意图

（2）录音机

性能要求：频率范围宽（20～15000 Hz），失真小（<3%），信噪比大（>35 dB），具有较好的频率响应和较宽的动态范围。

（3）自动记录仪

将测量的噪声声频信号随时间变化记录下来，将交变的声谱电信号做对数转换，整流后将噪声的峰值、均方根值（有效值）和平均值表示出来。

测量仪器和校准仪器应定期检定合格，并在有效使用期限内使用；每次测量前、后要在测量现场进行声学校准，其前、后校准示值偏差不得大于 0.5 dB，否则测量结果无效。

测量时传声器加防风罩。测量仪器时间计权特性设为"F"挡，采样时间间隔不大于 1 s。

【监测条件、时段和记录】

1. 监测条件

气象条件:测量应在无雨雪、无雷电天气,风速为 5 m/s 以下时进行。不得不在特殊气象条件下测量时,应采取必要措施保证测量准确性,同时注明当时所采取的措施及气象情况。

测量工况:测量应在被测声源正常工作时间进行,同时注明当时的工况。

2. 监测时段

分别在昼间、夜间两个时段测量。夜间有频发、偶发噪声影响时同时测量最大声级。被测声源是稳态噪声,采用 1 min 的等效声级(在测量时间内,被测声源的声级起伏不大于 3 dB 的噪声)。被测声源是非稳态噪声,测量被测声源有代表性时段的等效声级,必要时测量被测声源整个正常工作时段的等效声级(在测量时间内,被测声源的声级起伏大于 3 dB 的噪声)。

注:

(1) 背景噪声(被测量噪声源以外的声源发出的环境噪声的总和)测量环境:不受被测声源影响且其他声源环境与测量被测声源时保持一致。

(2) 测量时段:与被测声源测量的时间长度相同。

3. 监测记录

噪声测量时要做测量记录。记录内容主要包括被测量单位名称、地址、厂界所处声环境功能区类别、测量时气象条件、测量仪器、校准仪器、测点位置、测量时间、测量时段、仪器校准值(测量前、后)、主要声源、测量工况、示意图(厂界、声源、噪声敏感建筑物、测点等位置)、噪声测量值、背景值、测量人员、校对人、审核人等相关信息。

【监测结果】

在厂界噪声所布设的 12 个监测点位中,全部点位昼间噪声监测值范围为 51.1~60.0 dB(A),符合所执行的标准限值,达标率 91.1%;夜间噪声监测值为 50.8~58.8 dB(A),全部超过标准限值要求,达标率为 0%。敏感点噪声中目前距×林村最近的居民点(距厂界 60 m 处)昼间、夜间噪声全部超标;环评时距×林村的最近居民点(距厂界 380 m)、×林新村(距厂界 400 m 处)的居民昼间、夜间噪声全部满足要求。监测结果见表 9.2 和表 9.3。

表 9.2　厂界噪声(L_{eq})监测结果表

单位:dB(A)

编号	昼间		夜间	
	202×年 9 月 05 日	202×年 9 月 06 日	202×年 9 月 05 日	202×年 9 月 06 日
1	51.1	51.4	51.4	50.8
2	54	53.6	53.8	53.5
3	54.2	54.3	53.5	53
4	56.9	56.2	56.4	53.6

编号	昼间		夜间	
	202×年9月05日	202×年9月06日	202×年9月05日	202×年9月06日
5	59	58.9	54.7	55.2
6	60	59.9	57.3	58.2
7	57.7	57.8	56.5	56.8
8	56.2	55.8	56.1	55.7
9	58.6	58.7	58.8	57.8
10	59.8	59.1	57.3	57
11	56.8	56.3	54.8	55.4
12	53.8	54.4	53	53.6
标准值	60		50	
达标率	91.1%		0%	
达标情况	达标		不达标	

表 9.3 敏感点噪声监测结果表

单位:dB(A)

点位	相对距离	昼间		夜间	
		202×年 9月05日	202×年 9月06日	202×年 9月05日	202×年 9月06日
13#×林村 (×林新村)	距厂界约400 m	48.7	47.9	45.2	44.2
达标情况		达标	达标		
14#×林村 (环评时最近居民点)	距厂界约380 m	47.2	48	46.5	46.1
达标情况		达标	达标		
15#×林村 (目前最近居民点)	距厂界约60 m	62.3	62.3	53.1	54
达标情况		不达标	不达标		
标准值		60		50	

注:15#测点受交通噪声影响较大。

1. 结论

该企业厂界噪声在避开工业路交通噪声的情况下,昼间噪声可实现达标排放,夜间噪声不能达标。该公司厂界北靠铁合金厂,南接项目预留地,东依焦化厂,西临工业路与×林村隔路相对。企业厂界噪声在东面、北面、南面并不敏感,西面对×林村影响较大,但由于工业路为交通主干路,交通噪声影响对居民影响更大,故公路旁民宅噪声主要为交通噪声贡献。由于企业生产化工项目,厂址的环境敏感性主要体现在企业生产过程中大气污染物排放的危害上而不是噪声影响。

2．建议

在继续加强各噪声源管理的前提下,企业应在生活区和生产区之间大量种植各类高大树木,形成防噪降噪的天然屏障,既有利于噪声的有效衰减,又有利于对各类大气污染物的吸收。

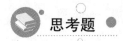

思考题

(1) 如何根据项目相关资料确定噪声监测布点?

(2) 为什么噪声监测采用等效连续声级? 其意义何在?

(3) 请列出噪声监测方案制定的主要工作过程。

(4) 根据项目相关资料判断该项目所执行的排放标准。

案例 10　城市轨道交通噪声监测

随着时代的发展，城市化的步伐在不断加快，交通也取得了很大的发展，为人们的出行带来了很大便利。但是交通在发展的同时也会给人们带来一些不利的地方。交通噪声是指机动车辆、铁路机车、机动船舶、航空器等交通运输工具在运行时所产生的干扰周围生活环境的声音。如高架段的交通，由于其暴露在环境中，车通过时会产生很大的噪声，影响人们的正常生活。

【监测目的】

对×地铁 1 号线高架段交通噪声和地下线路段风亭、冷却塔噪声进行监测，初步了解和掌握交通噪声重点区域监测的布点原则。

【背景资料】

1. 地铁沿线噪声分布特征

地铁多为缓解大城市地面交通的压力而建设，交通主干道车流量大，另有大量交通线路与地铁交叉，故引发的环境噪声（指在工业生产、建筑施工、交通运输和社会生活中所产生的干扰周围生活环境的声音）也较大。地铁和已有交通主干线两侧敏感点非常密集，类型繁多，特别是高架段的两侧高楼林立，廊道效应（指交通噪声在道路两侧高楼间多次反射致使环境噪声增大的现象）使声环境特征复杂。沿线居民主要受道路机动车辆、地铁列车运行时产生的噪声影响。要分析地铁噪声（指地铁通过时测点的环境噪声）对背景噪声（指地铁并行道路的交通噪声）污染状况，应同时对与轨道并行的机动车道路、风亭或冷却塔周边的环境噪声进行监测分析。以×市地铁 1 号线为例，线路南北贯通×市城区，从南四环内的×庄向北一直延伸到北五环外的×庄，跨 5 个行政区，长达 27.6 km，设 23 座车站、1 个停车场、1 个车辆段。高架线路与既有道路×路、×路、×路并行，并与近 30 条街道交会，沿线居民主要受地铁噪声、道路交通噪声影响；地下线路段与近 120 条道路相交，地铁地面设施周围的居民主要受道路交通噪声及风亭、冷却塔噪声的影响。

2. 敏感点分布状况

敏感点主要为高架段距近轨中心线 200 m 范围内及地下线路段距车站风亭、冷却塔 50 m 范围内的学校、医院、居民楼、科研单位等，其中地下线路段有敏感点 19 个，高架段有 42 个。从敏感点特征来看，×至×区间主要为老城区平房，×以南、×以北至×苑地区为楼房。高架段敏感点近轨中心线 26～200 m，地下段距离风亭、冷却塔7～38 m。

【噪声监测基本知识】

1. 噪声

物体在空气中振动,且这种振动频率为 20～20000 Hz,其作用于人耳的鼓膜而产生的感觉称为声音。那么,什么是噪声? 物理角度:噪声是由声源做无规则和非周期性振动产生的声音。主观认识上:噪声是指那些人们不需要的、令人厌恶的或对人类生活和工作有妨碍的声音。环境保护角度:超过人们生产、生活和社会活动所允许的声音程度。

为了保护人们的听力和身体健康,噪声的允许值在 75～90 dB。保障交谈和通信联络,环境噪声的允许值在 45～60 dB。睡眠条件最好在 35～50 dB。

噪声的来源主要包含交通运输噪声、工业生产噪声、建筑施工噪声以及社会生活噪声。

2．噪声的防治措施

从声源:工业、交通运输业可以选用低噪音的生产设备和改进生产工艺,或者改变噪声源的运动方式(如用阻尼、隔振等措施降低固体发声体的振动)。

从传播途径:采用吸音、隔音、音屏障、隔振等措施以及合理规划城市和建筑布局等。

从受音者:如长期职业性噪声环境暴露的工人可以戴耳塞、耳罩或头盔等护耳器。

3．声音物理特性和量度

（1）基本概念

声源在 1 s 内振动的次数叫频率,记作 f,单位为 Hz。沿声波传播方向,振动一个周期所传播的距离,或在波形上相位相同的相邻两点间的距离称为波长,用 λ 表示,单位为 m。1 s 内声波传播的距离叫声波速度,简称声速,记作 c,单位为 m/s。

单位时间内声波通过垂直于传播方向某指定面积的声能量称为声功率,记作 W(声源总功率,单位为 W)。在单位时间内,通过与声波传播方向垂直的单位面积上的声能量,称为声强,记作 I,单位为 W/m²。声源振动时,空气介质中压力的改变量称为声压,记作 P,单位为 N/m² 或 Pa。声压 P 易测量,W、I 不易测量,"声级"即指声压级。分贝是指两个相同的物理量(例如 A 和 A_0)之比取以 10 为底的对数并乘以 10(或 20),单位为 dB。$N = 10 \lg A_1 / A_0$。A_0 是基准量(或参考值),A_1 是被量度量。

（2）噪声的叠加和相减

① 叠加:两个独立的声源作用于一点产生噪声的叠加,声能量、声强可以代数相加。

叠加原则:声波的能量可以代数相加。

a. 如果两个声源的声压级相等,即

$$Lp_1 = Lp_2$$

则总声压级:

$$Lp_总 = Lp_1 + 10 \lg 2 = Lp_1 + 3 \text{ dB}$$

即作用于某一点的两个声源的声压级相等,叠加后的总声压级比一个声源的声压级增加 3 dB。

b. 如果两个声源的声压级不相等,即 $Lp_1 \neq Lp_2$,设 $Lp_1 > Lp_2$,计算 $Lp_1 - Lp_2$,即计算总声压级

$$Lp_总 = Lp_1 + \Delta Lp$$

多个声源的叠加：两两相加，与次序无关。

② 相减：由于背景噪声的存在，实际测量的读数增大，噪声测量中要扣除背景噪声，此即为噪声的相减。具体噪声的叠加与相减请参照《环境噪声监测技术规范　噪声测量值修正》(HJ 706—2014)。

(3) 噪声的物理量与主观感觉的关系

确定噪声的物理量和主观感觉的关系很重要，但过程十分复杂，需要用统计方法在实验基础上进行研究。

① 响度与响度级。响度 N：响度是人耳判别声音由轻到响的强度等级概念。与频率和强度(声压级)有关。单位为"宋"(sone)，1 宋指声压级为 40 dB，频率为 1000 Hz，且来自听者正前方的平面波形状的强度。

响度级(L_N)：以 1000 Hz 的纯音作为基准音，若某一噪声听起来与该纯音一样响，则该噪声的响度级在数值上就等于这个纯音的声压级(dB)，单位为"方"(phon)。

等响曲线：人耳听觉范围内一系列响度相等的声压级与频率关系曲线。

响度与响度级的关系如下：

$$N = 2^{\left(\frac{L_N - 40}{10}\right)} \tag{10.1}$$

$$L_N = 40 + 33 \lg N \tag{10.2}$$

a. 根据大量实验得到，响度级每改变 10 方，响度加倍或减半。

b. 响度级的合成不能直接相加，而响度可以相加。可先将各响度级换算成响度进行合成，然后再换算成响度级。

② 计权声级。为了能用仪器直接反映人的主观响度感觉的评价量，在噪声测量仪器——声级计中设计了一种特殊滤波器，叫计权网络。A 计权声级是模拟人耳对 55 dB 以下低强度噪声的频率特性。B 计权声级是模拟 55～85 dB 的中等强度噪声的频率特性。C 计权声级是模拟高强度噪声的频率特性。D 计权声级是对噪声参量的模拟，专用于飞机噪声的测量。

③ 等效连续声级、噪声污染级和昼夜等效声级。

a. 等效连续声级：用一个相同时间内声能与之相等的连续稳定的 A 声级来表示该段时间内不稳定噪声的大小。如果数据符合正态分布，其累积分布在正态概率纸上为一直线，则可用下面近似式计算：

$$L_{eq} \approx L_{50} + d^2/60, \quad d = L_{10} - L_{90} \tag{10.3}$$

L_{10}, L_{50}, L_{90} 为累积百分声级，其定义如下：

L_{10} 为测定时间内，10% 的时间超过的噪声级，相当于噪声的平均峰值；

L_{50} 为测量时间内，50% 的时间超过的噪声级，相当于噪声的平均值；

L_{90} 为测量时间内，90% 的时间超过的噪声级，相当于噪声的背景值。

b. 噪声污染级(L_{NP})：

$$L_{NP} = L_{eq} + Ks \tag{10.4}$$

式中，K 为常数，对于交通和飞机噪声取 2.56；s 为测定过程中瞬时声级的标准偏差：

$$s = \sqrt{\frac{1}{n-1}\sum_{i=1}^{n}(\overline{L_{pA}} - L_{pAi})^2} \tag{10.5}$$

式中，L_{pAi} 为测得第 i 个瞬时 A 声级；$\overline{L_{pA}}$ 为所测声级的算术平均值；n 为测得总数。

简单算法：

$$L_{NP} = L_{eq} + d, \quad d = L_{10} - L_{90}$$

$$L_{NP} = L_{50} + d^2/60 + d, \quad d = L_{10} - L_{90}$$

c. 昼夜等效声级（L_{dn}）：

$$L_{dn} = 10\lg\left[\frac{16 \times 10^{0.1L_d} + 8 \times 10^{0.1(L_n+10)}}{24}\right] \tag{10.6}$$

式中，L_d 为白天的等效声级，时间是从 6:00 至 22:00，共 16 h；L_n 为夜间的等效声级，时间是从 22:00 至第二天的 6:00，共 8 h。

【监测布点】

在进行点位布设时，要从地铁沿线的不同距离、结构、属性敏感点等方面综合考虑，从而掌握噪声在水平和垂直方向的衰减规律、其在一天内的分布规律以及声屏障的降音效果等。特别是环境噪声敏感点，要对其进行监控，以了解其受到影响的程度。

为掌握地铁沿线不同距离、不同结构、不同属性敏感点的噪声增量，掌握噪声水平衰减规律、竖直衰减规律、24 h 时间分布规律、后排环境噪声受建筑物阻挡情况及声屏障降噪效果等，根据表 10.1 原则进行监测点位布设。为掌握道路交通噪声污染情况，1 号线环保验收调查选择了与高架段并行的道路机动车流量较大的 10 处敏感点，进行道路交通噪声监测。这 10 处敏感点距近轨中心线 26～120 m，层数为 3～29 层，每处不同楼层间隔设置了点位。另布设了第 2 排监测、24 h 监测、水平衰减断面监测。地下线路段根据敏感点与风亭和冷却塔的相对位置、敏感点结构、房屋类型等因素，选取 4 处进行背景噪声监测。试运营后，据上述布点原则对地上段 22 处、地下段 11 处进行了监测，监测点位包含道路交通噪声测点。代表性点位布设见表 10.2 和表 10.3。

表 10.1　监测点布设原则

敏感点角度考虑	对环境影响评价报告书中监测部分噪声敏感点复测	调查对比环境影响评价报告书中敏感点实际受影响情况，核实采取措施的有效性
	对环境影响评价报告书中遗漏的距轨道、车辆段、停车场、风亭、车站较近的敏感点进行监测	了解此类敏感点受影响程度，提出合理改善措施
	对新建的距轨道、车辆段、停车场、风亭、车站较近的敏感点进行监测	了解新增敏感点受影响程度，提出合理改善措施
	针对学校、医院、文物保护单位、居民点等敏感点的监测	了解各类型敏感点受影响程度，提出合理改善措施
	后排受建筑物阻挡的楼房、与首排楼房同步同层监测	了解建筑物对交通噪声的遮挡效果

从传播规律考虑	声屏障监测点	设立声屏障路段,声屏障一侧敏感点;未设立声屏障路段或一侧,但距离轨道较近(70 m以内)敏感点声屏障插入损失监测	核实声屏障实际隔声效果
	衰减断面监测点	高架桥路段,垂直轨道方向近轨中心线20 m、40 m、60 m、80 m处,高1.2 m设立噪声水平衰减断面	分析环境噪声随着时间、空间的变化规律
		高架线路段,沿不同楼层高度设立噪声竖直衰减断面	
	厂界监测点	对停车场、车辆段厂界选取监测	了解停车场、车辆段厂界噪声影响程度
	24 h监测点	高架线路段选取距离轨道最近和最远的2个点位	为本次未测的敏感点提供类比分析依据

表 10.2 地上段声环境监测点位

序号	地点	方位/m	监测数	具体监测点	监测指标	防治措施
1	×5区5号楼 K17+000 ×园2号楼	西侧26	3	1、3、5层	等效声级	建有半封闭声屏障,楼高6层
2	K17+910(该处在路南侧窗户增设1、3、8、15层4个监测点(2排))	西侧26	4	1、3、8、15层	等效声级3层设24 h点	建有半封闭声屏障,楼高16层
3	×研究院医院综合医疗楼 K21+250	东侧43	3	1、4、10层	等效声级	建有直立5 m声屏障,楼高12层
4	×研究所 K21+880× 小区3号塔楼住宅楼1号板楼1、3、5层窗外	东侧30	2	1、3层	等效声级	无声屏障,楼高3层

续表

序号	地点	方位/m	监测数	具体监测点	监测指标	防治措施
5	×小区 3 号塔楼住宅楼 1 号板楼 1、3、5 层窗外 K22+880（同期监测×桥南站内西侧，站台中心有车一侧安全线以内 0.5 m 处，距离地面 1.2 m）	西侧 28	7	1、3、7、12 层	等效声级 4 层设 24 h 点	塔楼处建有半封闭声屏障；板楼处建有 4 m 高直声屏障；塔楼 18 层，板楼 6 层，位于车站附近
6	×园 5 区 29 号楼 K25+500	东侧 120	3	1、4、7 层	等效声级	无声屏障，对面设置半封闭声屏障，楼高 9 层
	声屏障降噪效果对照点	与声屏障监测点对应/m			等效声级	未设声屏障距离轨道较近处
7	K19+900 衰减断面	西侧 20、40、60、80		地面上 1.2	等效声级	平坦开阔的地面
8	×庄停车场、×庄车辆段	厂界外		分段 5、6 点	等效声级	敏感点附近

注：① 测点位置为敏感建筑物户外 1 m。
② ×5 区 5 号楼、×园 2 号楼、×研究院医院综合医疗楼、×小区 3 号塔楼的监测项目（分层和 24 h）、×园 5 区 29 号楼在地铁营运前和营运后均要监测。
③ 衰减断面监测每点用 2 台仪器，测 1 h，其中 1 台测连续，另 1 台在列车通行时暂停。

表 10.3　地下段声环境监测点位

序号	地点	方位/m	具体布点	监测指标
1	×营 36 号院 2 号楼 K1+950	南侧 25	1 层距离风亭、冷却塔最近处窗外 1 m、1.2 m 高	等效声级
2	×中学 K4+780	北侧 13	距离×东门站东南风亭、冷却塔最近处教学楼 1 层窗外 1 m、1.2 m 高	等效声级
3	×街 48 号 K9+700	东侧 7	48 号距离东×站风亭近处窗外 1 m、1.2 m 高	等效声级
4	×西街 1 号院 3 号楼 K14+550	北侧 10	距离×西街站风亭、冷却塔最近处窗外 1 m、1.2 m 高	等效声级

注：×营 36 号院 2 号楼、×中学、×西街 1 号院 3 号楼，均在地铁营运前监测背景噪声和营运后监测环境噪声。

【噪声监测时间、频次】

噪声监测需要满足《铁路边界噪声限值及其测量方法》《环境噪声监测技术规范 城市声环境常规监测》《工业企业厂界噪声排放标准》和《城市轨道交通(地下段)结构噪声监测方法》相关规定。

(1) 监测频次

连续 2 d,昼间 2 次,7:00—9:00(或 17:00—19:00)、12:00—14:00 各 1 次;夜间 2 次,22:00—23:00、5:00—6:00 各 1 次;24 h 噪声监测,连续测量 2 d;风亭频次同。

(2) 监测时间

高架段为 1 h 的等效声级,风亭、冷却塔噪声及其断面为 10 min 的等效声级。

(3) 监测取值

① 背景噪声。指无列车通过时或风亭、冷却塔不运行测点的环境噪声级。高架段同步记录汽车车流量(按大、中、小型),记录监测累计时间(s)。

② 地铁噪声。指地铁列车通过时测点的环境噪声级,同步记录机车通过时间(s)和密度。

③ 混合噪声。1 h 内涵盖地铁噪声、道路交通噪声等的环境噪声级。

(4) 声屏障插入损失监测

声屏障插入损失指声场中某固定点在设置声屏障前后的声级之差,衡量声屏障的降噪效果。

① 源强测试。在无声屏障的地方,距轨平面水平距离 1 m、垂直高 1.5 m 处测量。

② 插入损失测试。分断面进行,每个断面的测试布点如下:水平方向上距轨道中心线 7.5 m,不具备测试条件的改在距轨道中心线 15 m 处。

【监测结果】

根据监测结果要分析与地铁并行道路的车流量,道路交通噪声、列车噪声、混合噪声的取值时间及对应的噪声值,列车(风亭、冷却塔)对不同距离噪声敏感建筑物的影响程度及噪声分布规律,噪声的 24 h 分布规律,列车(风亭、冷却塔)噪声、混合噪声对背景噪声的贡献量,声屏障的降噪效果等。

交通噪声监测布点均要充分考虑声音三要素,充分体现主体不同噪声源、不同降噪措施,与受体敏感点距噪声源(轨道或风亭)的不同距离、不同楼层、不同结构、不同属性(居民楼或学校等)的组合,同时根据噪声距离传播规律和时间规律断面布点。监测频次应遵循峰平兼顾、昼夜不误的原则 。

思考题

(1) 如何根据项目相关资料分析轨道交通噪声的特点和监测重点?

(2) 如何降低背景噪声的影响?

(3) 噪声污染监测与其他环境要素如水、大气等监测的区别是什么?

实 操 练 习

案例 1 202×年生态环境监测方案

【环境空气质量监测】

1．背景空气质量监测

(1) 监测范围

×市内未受或者少受人类活动影响的环境综合监测站，共计×个站点。

(2) 监测项目

SO_2、NO-NO_2-NO_x、O_3、CO、PM_{10}、$PM_{2.5}$、气象五参数（温度、湿度、气压、风向、风速）、能见度；降水量、电导率、pH、主要阴阳离子；CO_2、甲烷、氧化亚氮、颗粒物粒径。

(3) 监测频次

自动监测项目（湿沉降监测除外）：每天 24 h 连续监测。

湿沉降监测：每天上午 9:00 至第二天上午 9:00 为一个采样监测周期。

2．城市空气质量监测

(1) 监测范围

×市下属×个区（县），共计×个环境空气质量监测点位。

(2) 监测项目

SO_2、NO-NO_2-NO_x、PM_{10}、$PM_{2.5}$、CO、O_3、气象五参数（温度、湿度、气压、风向、风速）、能见度。

(3) 监测频次

每天 24 h 连续监测。

3．区域(农村)空气质量监测

(1) 监测范围

每个区（县）1～5 个点位，共计×个点位。

(2) 监测项目

×个区域（农村）站：SO_2、NO-NO_2-NO_x、PM_{10}；

×个区域站：SO_2、NO-NO_2-NO_x、PM_{10}、$PM_{2.5}$、CO、O_3、气象五参数（温度、湿度、气压、风向、风速）、能见度。

（3）监测频次

每天 24 h 连续监测。

4. 酸雨监测

（1）监测范围

按照×市《202×年主要污染物减排专项资金环境监测项目建设方案》中涉及的区和县进行。

（2）监测项目

pH、电导率、降水量，还有硫酸根、硝酸根、氟、氯、铵、钙、镁、钠、钾 9 种离子浓度。

（3）监测频次

每天上午 9:00 至第二天上午 9:00 为一个采样监测周期。

5. 评价方法

按照《环境空气质量标准》（GB 3095—2012）、《环境空气质量指数（AQI）技术规定（试行）》（HJ 633—2012）和《环境空气质量评价技术规范（试行）》（HJ 663—2013）评价污染物。

6. 质量保证与质量控制

依据《环境空气颗粒物（PM_{10} 和 $PM_{2.5}$）连续自动监测系统运行和质控技术规范》（HJ 817—2018）、《环境空气气态污染物（SO_2、NO_2、O_3、CO）连续自动监测系统运行和质控技术规范》（HJ 818—2018）、《环境空气自动监测标准传递管理规定（试行）》（环办监测函〔2017〕242 号）、《环境空气自动监测臭氧标准传递工作实施方案（试行）》（环办监测函〔2017〕1620 号）、《酸沉降监测技术规范》（HJ/T 165—2004）开展质控工作。各级环境监测中心（站）加强质量保证与质量控制检查与监测技术培训。

【水环境质量监测】

1. 地表水水质监测

（1）监测范围

地表水监测断面以《"十三五"国家地表水环境质量监测网设置方案》（环监测〔2016〕30号）为准，监测范围为×个国控断面，包括×个考核断面和×个趋势科研断面。

（2）监测项目

① 现场监测项目。河流断面现场监测项目为水温、pH、溶解氧和电导率。

湖库点位现场监测项目为水温、pH、溶解氧、电导率和透明度。

② 实验室分析项目。河流断面实验室分析项目为高锰酸盐指数、化学需氧量、五日生化需氧量、氨氮、总磷、总氮、铜、锌、氟化物、硒、砷、汞、镉、铬（Ⅵ）、铅、氰化物、挥发酚、石油类、阴离子表面活性剂和硫化物。

湖库点位实验室分析项目为高锰酸盐指数、化学需氧量、五日生化需氧量、氨氮、总磷、总氮、铜、锌、氟化物、硒、砷、汞、镉、铬（Ⅵ）、铅、氰化物、挥发酚、石油类、阴离子表面活性剂、硫化物和叶绿素 a。

③ ×个趋势科研断面。除根据断面类型监测相应的现场和实验室项目外，加测粪大肠菌群项目。

（3）监测频次

每月 10 日前完成所有断面的采样、送样工作；每月 18 日前，完成实验室分析工作（法定节假日可顺延)。针对重点断面(点位),可动态调整监测时间和频次。

2. 地表水水质自动监测

(1)监测范围

202×年纳入×市地表水水质自动监测网的水质自动监测站点。

(2)监测项目

监测项目为×市水质自动监测站配备的监测指标,主要包括五参数(水温、pH、溶解氧、电导率和浊度)、氨氮、高锰酸盐指数、总氮、总磷、总有机碳、叶绿素 a、藻密度、VOCs、生物毒性、粪大肠菌群和重金属等。

(3)监测频次

每 4 h 监测一次,根据需要可调整至每 1 h 监测一次。

3. 集中式生活饮用水水源地水质监测

(1)监测范围

×个县级城镇所有在用集中式生活饮用水水源地。

(2)监测项目

① 地表水水源地。a. 常规监测:《地表水环境质量标准》(GB 3838—2002)表 1 的基本项目(23 项,化学需氧量除外,河流总氮除外)、表 2 的补充项目(5 项)和表 3 的优选特定项目(33 项),共 61 项,并统计当月各水源地的总取水量。各地可根据当地污染实际情况,适当增加区域特征污染物。

b. 水质全分析:《地表水环境质量标准》(GB 3838—2002)中的 109 项。

② 地下水水源地。a. 常规监测:《地下水质量标准》(GB/T 14848—2017)表 1 中感官性状及一般化学指标、微生物指标等 22 项指标,并统计当月总取水量。各地可根据当地污染实际情况,适当增加区域特征污染物。

b. 水质全分析:《地下水质量标准》(GB/T 14848—2017)中的 93 项。

(3)监测频次

① 常规监测。地表水水源地每季度第一个月 1—10 日采样一次,地下水水源地每半年采样一次(前后两次采样至少间隔 4 个月)。如遇异常情况,则要加密监测。

② 水质全分析。县级城镇集中式生活饮用水水源地,每两年(偶数年)开展一次水质全分析监测。

4. 质量保证与质量控制

监测任务承担单位必须严格按照《国家地表水环境质量监测网监测任务作业指导书(试行)》《地表水和污水监测技术规范》(HJ/T 91—2002)、《环境水质监测质量保证手册》(第二版)和《国家地表水环境质量监测网监测任务作业指导书(试行)》开展监测质量保证和质量控制工作。

【土壤环境监测】

1. 土壤环境例行监测

(1)监测范围

×个土壤环境监测网基础点。

（2）监测项目

0～20 cm 表层土壤样品,监测指标如下:

① 土壤理化指标。土壤 pH、阳离子交换量和有机质含量。

② 无机污染物。砷、镉、铬、铜、汞、镍、铅、锌 8 种元素的全量。

③ 有机污染物。有机氯农药(六六六和滴滴涕);多环芳烃(苊烯、苊、芴、菲、蒽、荧蒽、芘、苯并[a]蒽、䓛、苯并[b]荧蒽、苯并[k]荧蒽、苯并[a]芘、茚苯[1,2,3-c,d]芘、二苯并[a,h]蒽和苯并[g,h,i]苝)。

（3）监测频次

9 月底前完成全部监测工作。

（4）质量保证与质量控制

承担监测任务的各有关监测机构要加强监测质量保证和质量控制工作,确保监测数据真实、准确。内部质量控制执行总站《国家环境监测网质量体系文件》和《201×年×市土壤环境监测技术要求》等的要求。监测任务承担单位分别根据工作任务编写质量管理报告。

2. 污染企业(区域)和地下水型水源地保护区的地下水水质监测

按照《中华人民共和国水污染防治法》《中华人民共和国土壤污染防治法》的要求,×市为重点污染源和城镇集中式地下水型饮用水水源保护区地下水水质试点市,特开展监测工作。

（1）监测范围

×市内污染企业地下水监测:在区域内化学品生产企业、工业集聚区、矿山开采区、尾矿库、危险废物处置场、垃圾填埋场等污染源企业(区域)及其周边已建成的地下水水质监测井开展监测。

城镇集中式地下水型饮用水水源保护区地下水环境质量监测:在城镇集中式地下水型饮用水水源保护区内,利用已建成的地下水开采井(非取水口)、地下水水质监测井开展地下水环境质量监测。

（2）监测项目

《地下水质量标准》(GB/T 14848—2017)表 1 中感官性状及一般化学指标、微生物指标等 22 项指标。根据污染源特征,污染企业地下水可增加监测与污染源生产和排放有关的特征污染物。

（3）监测频次

污染企业自行开展地下水监测,常规指标每年监测 1 次,特征污染指标每个季度监测 1 次。市生态环境部门组织开展污染企业地下水监督性监测,并根据辖区内有地下水监测井污染企业的数量,至少选择 5% 测井,开展监督性监测,每年监测 1 次。市生态环境部门组织开展城镇集中式地下水型饮用水水源保护区地下水环境质量监测,每半年开展 1 次。

（4）质量保证与质量控制

按照地下水环境监测技术规范等要求开展。

【生态监测及其他专项监测】

1．生态状况监测

（1）监测范围

×个区（县）。

（2）监测项目

① 遥感监测项目。土地利用或覆盖数据（6大类，26小项）、植被覆盖指数、城市热岛比例指数。

② 其他项目。土壤侵蚀、水资源量、降水量、主要污染物排放量、自然保护区外来入侵物种情况等。

2．生态地面监测

（1）监测范围

×个区（县）的典型森林、草地、湿地、荒漠和城市生态系统。

（2）监测项目

森林、草地、湿地、荒漠和城市5类生态系统的生物要素、环境要素以及景观格局等。

（3）监测频次

① 陆地植物群落监测。全年1次，5—10月采样；乔木层每3—5年1次。

② 湖泊生物群落监测。半年1次。

③ 环境要素监测。水、空气和土壤环境质量监测与国家或省级例行监测同步；底泥监测半年1次，与湖泊生物要素同步采样；气象要素观测与监测区域或周边自动气象站同步。

④ 景观格局监测。全年1次，与陆地生物要素监测同步。

3．质量保证与质量控制

内部质量控制执行《全国生态环境监测与评价技术方案》《生态遥感监测数据质量保证与质量控制技术要求》（总站生字〔202×〕×号）、《202×年全国生态环境监测和评价补充方案》（总站生字〔202×〕×号）和《202×年生态地面监测补充方案》等文件的相关要求。

【声环境质量监测】

1．监测范围

区（县）级以上城镇。

2．监测项目

包括城市区域声环境质量、城市道路交通声环境质量和城市功能区声环境质量监测。

3．监测频次

执行《环境噪声监测技术规范 城市声环境常规监测》（HJ 640—2012）的规定。

（1）城市区域声环境质量监测

开展1次昼间监测，每个测点监测10 min。监测工作应安排在每年的春季或秋季。

（2）城市道路交通声环境质量监测

开展1次昼间监测，每个测点监测20 min，记录并报送20 min车流量（中小型车、大型车)。监测工作应安排在每年的春季或秋季。

（3）城市功能区声环境质量监测

每季度监测 1 次,每个点位连续监测 24 h。

4. 质量保证与质量控制

监测工作质量保证按照《声环境质量标准》(GB 3096—2008)和《环境噪声监测技术规范 城市声环境常规监测》(HJ 640—2012)的相关规定执行。

【典型流域环境与健康综合监测】

1. 监测范围

×个区(县)有关乡镇的环境与健康综合监测网监测点位。

2. 监测项目

（1）多环芳烃(16 种):萘、苊烯、苊、芴、菲、蒽、荧蒽、芘、苯并[a]蒽、䓛、苯并[b]荧蒽、苯并[k]荧蒽、苯并[a]芘、二苯并[a,h]蒽、苯并[g,h,i]苝、茚并[1,2,3-cd]芘。

（2）重金属(7 种):汞、砷、铅、镍、锰、镉、总铬(六价铬)。

（3）亚硝酸盐(地下水)。

3. 监测频次

（1）饮用水水源地水质

每半年监测 1 次,枯水期及丰水期各一次。

（2）地表水水质

地表水水质每半年监测 1 次。

（3）土壤或农作物(粮食、蔬菜等)

土壤监测 1 次,农作物每半年监测 1 次。

4. 质量保证与质量控制

按照《202×年环境与健康综合监测实施方案》的要求,由监测任务承担单位统一负责实施。

【污染源监测】

1. 重点污染源监督性监测

（1）监测范围

监测范围依据《重点排污单位名录管理规定(试行)》(环办监测〔201×〕×号)确定的重点排污单位及其他排污单位。

（2）监测项目

固定污染源废气 VOCs 专项检查监测,参照《关于加强固定污染源废气挥发性有机物监测工作的通知》确定。监督性监测按照执行的排放标准、环评及批复和排污许可证等要求确定。

（3）监测频次

根据生态环境监管需要确定。对于监测超标的排污单位,适当增加监测频次。

总站负责收集、汇总全国污染源监督监测数据,加强全国污染源监督性监测结果的分析与报告。

（4）质量保证与质量控制

各级环境监测机构要严格按照环境监测技术规范的要求开展污染源监测。

2. 排污单位自行监测专项检查

（1）检查范围

已核发排污许可证的企业。

（2）检查内容

检查内容包括:① 自行监测方案的制订,包括自行监测点位、指标、频次的完整性。② 按照自行监测方案开展情况。③ 通过查阅自行监测原始记录检查监测全过程的规范性,原始记录包括现场采样、样品运输、贮存、交接、分析测试。④ 监测报告,监测结果在污染源管理系统上的报送情况、公开的完整性和及时性等。委托社会检测机构开展自行监测的企业,必要时可赴实验室开展现场检查,检查内容可包括监测人员持证情况、监测设备、试剂消耗、方法选用、实验室环境等。

（3）检查要求

按照抽查时间随机、抽查对象随机的原则,抽查不少于10%的发证企业。

（4）任务分工

市生态环境行政主管部门负责统筹安排行政区域内排污单位自行监测的专项检查工作。原则上按照"谁发证、谁监管"的要求开展检查工作。

【卫星遥感监测】

1. 重点地区大气颗粒物卫星遥感监测

（1）监测范围

×市中心城区及周边。

（2）监测项目

区域 PM_{10}、$PM_{2.5}$ 质量浓度。

（3）监测时间

1—12 月监测,每月汇总。

2. 重点湖泊水华遥感监测

（1）监测范围

×市×湖泊。

（2）监测项目

水华暴发面积、比例、分布情况。

（3）监测时间和频次

4 月 1 日—10 月 30 日,均为每天 1 次。

3. 典型区固体废弃物堆场遥感监测

（1）监测范围

市内典型重要区域。

（2）监测项目

典型区工业固体废弃物遥感监测。

（3）监测时间

每年 1 次。

4. 土壤污染源监管动态遥感监测

（1）监测范围

重要区域土壤污染源。

（2）监测项目

土壤污染源关闭、搬迁、扩产等动态变化。

（3）监测时间

每年 1 次。

5. 工作方式

由卫星环境应用中心承担监测任务，组织开展相关工作。

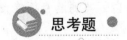 思考题

请以所在地区为例，根据以上方案回答下列问题：

（1）简述环境空气质量监测布点原则和布点方法。以所在地区为例，给出具体的背景空气质量布点和城市空气采样布点。

（2）如何利用环境空气质量指数（AQI）评价环境空气质量？

（3）简述地表水监测与地下水监测的异同。

（4）以所在地区为例，简述土壤质量监测的布点和采样过程以及土壤样品的制备方法。

（5）卫星遥感监测与常规监测的适用范围和区别是什么？

（6）监测方案的制定：根据给出的简要方案，以所在地区为例，任选一行政区或者县，制订具体的生态环境监测完整方案，包含空气、水、噪声、土壤四个方面。

案例 2 2020 年重庆市水环境质量监测方案（部分）

2020 年是"十三五"规划的收官之年，也是全面实现"水十条"国家考核终期目标的关键之年，同时还是"十四五"水环境质量目标制定的基准年。为进一步客观反映重庆市长江及其重要支流等水体环境质量状况，厘清流域内各区（县）人民政府水污染防治责任，科学评估区域水污染治理成效，打好"碧水保卫战"，特制订本方案。

【监测任务及分工】

1. 地表水水质手工监测

（1）考核断面

国控考核断面。

监测范围："十四五"新增的 48 个断面和位置调整的 3 个"十三五"断面，共 51 个，见表 11.1。

监测时间：每月监测 1 次。

监测项目：《地表水环境质量标准》（GB 3838—2002）表 1 中的基本项目加电导率和浊度。

（2）科研趋势和评价断面

国控科研趋势断面。

监测范围：22 个断面（不含纳入国控），见表 11.2。

监测时间和频率：每月监测 1 次，采样时间为每月 1—5 日。

监测项目：《地表水环境质量标准》（GB 3838—2002）表 1 中的基本项目加电导率，湖库点位在此基础上增加水位、叶绿素 a 和透明度。

（3）其他监测

大中型水库。

监测范围：102 个大中型水库，见表 11.3。

监测时间和频率：每半年监测 1 次。

监测项目：《地表水环境质量标准》（GB 3838—2002）表 1 中的基本项目加电导率、水位、叶绿素 a 和透明度。

2. 地表水水质自动监测

固定式水质自动监测。

监测范围：105 个水质自动监测站，见表 11.4。

监测项目和频次：水温、pH、溶解氧、电导率、浊度、高锰酸盐指数、氨氮、总磷、总氮共 9 项。全年连续监测。

3. 专项监测

三峡库区水华预警监测。

监测范围：在 36 条次级河流回水区中段及回水区上游 72 个监测断面，见表 11.5。

监测时间和频次：每月监测 1 次。采样时间为每月 1—10 日。

监测项目：《地表水环境质量标准》（GB 3838—2002）表 1 中基本项目加电导率、叶绿素 a、透明度、悬浮物、硝酸盐氮、亚硝酸盐氮、流速、藻类密度（鉴别优势种）等 32 项。

表 11.1　国控考核断面监测任务分解表

序号	断面名称	省市	所属区县	所在水体	经度/°	纬度/°
1	津关	重庆市	开州区	澎溪河	108.5141	31.3337
2	黄荆沟	重庆市	云阳县	长滩河	109.0393	30.883
3	鹤丰乡	重庆市	奉节县	大溪河	109.5543	30.9366

续表

序号	断面名称	省市	所属区县	所在水体	经度/°	纬度/°
4	洋渡	重庆市	忠县	长江	107.8844	30.1231
5	养鹿渡口	重庆市	云阳县	澎溪河	108.5598	31.0907
6	金狮桥	重庆市	南川区	藻渡河	107.1083	28.8942
7	化杠	重庆市	石柱县	磨刀溪	108.4578	30.2633
8	小河	重庆市	酉阳县	甘龙河	108.622	28.650
9	天鹅村	重庆市	奉节县	长江	109.2357	30.960
10	塘河入江口	重庆市	江津区	塘河	106.0008	29.0494
11	双峡子沟	重庆市	巫山县	大宁河	109.8978	31.1178
12	普顺	重庆市	垫江县	龙溪河	107.59	30.4758
13	武陵	重庆市	万州区	长江	108.24	30.4583
14	妙泉入口	重庆市	秀山县	龙潭河	109.0019	28.65288
15	梁沱(嘉陵江左岸)	重庆市	江北区	嘉陵江	106.4565	29.6012
16	关圣新堤	重庆市	大足区	濑溪河	105.6587	29.7708
17	鱼剑堤	重庆市	大足区	濑溪河	105.7359	29.5567
18	井口(嘉陵江右岸)	重庆市	沙坪坝区	嘉陵江	106.4603	29.6633
19	长江涪陵菜场沱	重庆市	涪陵区	乌江	107.4045	29.7115
20	开州区生活取水口	重庆市	开州区	江里河	108.3859	31.1819
21	小江河口	重庆市	云阳县	澎溪河(小江)	108.6817	30.9457
22	支坪街道	重庆市	江津区	綦江河	106.3883	29.2445
23	溪口镇平桥村	重庆市	合川区	浑水河	106.6589	30.1689
24	摇金	重庆市	合川区	南溪河	106.1834	30.2056
25	培石(巫峡口)	重庆市	巫山县	长江	110.1105	31.0269
26	五通	重庆市	开州区	浦里河	108.0352	30.8719
27	东河入御临河口	重庆市	渝北区	东河	106.8757	29.8457
28	芙蓉洞码头	重庆市	武隆区	芙蓉江	107.8641	29.2103
29	界牌	重庆市	大足区	濑溪河	105.6534	29.4956
30	沙溪镇	重庆市	渝北区	长江	106.96	29.7543
31	湾凼	重庆市	永川区	大陆溪	105.7247	29.1614
32	鹿角	重庆市	彭水县	乌江	108.2845	29.1333
33	马家寨	重庆市	秀山县	花垣河	109.314	28.584
34	大埂	重庆市	荣昌区	清流河	105.3181	29.609
35	上河坝	重庆市	梁平区	铜钵河	107.4683	30.78781

续表

序号	断面名称	省市	所属区县	所在水体	经度/°	纬度/°
36	红光村	四川省	大足区	高升河	105.5604	29.73988
37	黄桷	四川省	合川区	华蓥河	106.5960	30.23985
38	白杨溪	四川省	江津区	塘河	106.0482	28.92931
39	巫山乡	四川省	开州区	南河	107.9364	30.9381
40	牛角滩	四川省	梁平区	平滩河	107.4553	30.6828
41	李家碥	四川省	荣昌区	清流河	105.378	29.64637
42	两河	四川省	潼南区	龙台河	105.6258	30.11194
43	白鹤桥	四川省	潼南区	坛罐窑河	105.7318	30.27026
44	四明水厂	四川省	永川区	大陆溪河	105.7468	29.03794
45	白沙	四川省	潼南区	姚市河	105.5607	30.1592
46	大安(光辉)	四川省	潼南区	琼江	105.6133	30.1869
47	长滩	湖北省	万州区	磨刀溪	108.4829	30.4882
48	清水湖渡口	湖北省	云阳县	长滩河	109.0127	30.71781
49	天竹坝	湖北省	巫山县	抱龙河	109.9695	30.8966
50	南洞沟	贵州省	酉阳县	甘龙河	108.6475	28.48937
51	郭扶镇	贵州省	綦江区	清溪河	106.5295	28.76741

注:21、25、46 三个断面为"十三五"位置调整断面。表中"石柱县"为石柱土家族自治县,"酉阳县"为酉阳土家族苗族自治县,"秀山县"为秀山土家族苗族自治县,"彭水县"为彭水苗族土家族自治县。

表 11.2　国控科研趋势监测断面

序号	河流(湖库)	断面	所属区县
1	玉滩水库	玉滩水库入口	大足区
2	玉滩水库	玉滩水库出口	大足区
3	长寿湖	长寿湖入口	长寿区
4	长寿湖	长寿湖库心	长寿区
5	长寿湖	长寿湖出口	长寿区
6	草堂河	黄莲村	奉节县
7	黎香溪	两汇镇	涪陵区
8	麻溪河	高桥	涪陵区
9	清溪河	斑竹林	涪陵区
10	龙溪河	三叉沟	梁平区
11	龙河	磨刀溪	石柱县
12	苎溪河	高粱	万州区

序号	河流（湖库）	断面	所属区县
13	壤渡河	逍遥庄	万州区
14	石桥河	老娃洞	万州区
15	五桥河	庙坝	万州区
16	神女溪	净坛峰	巫山县
17	抱龙河	十二洞电站	巫山县
18	三溪河	三溪电站	巫山县
19	花垣河	茶洞	秀山县
20	桃花溪	李家湾	长寿区
21	东溪河	张家湾	忠县
22	玉溪河	长道河	忠县

表 11.3　大中型水库监测断面监测

序号	湖库	断面	所在区县
1	南彭水库	南彭水库出口坝前	巴南区
2	下涧口水库	下涧口水库出口坝前	巴南区
3	丰岩水库	丰岩水库出口坝前	巴南区
4	胜天水库	胜天水库出口坝前	北碚区
5	海底沟水库	海底沟水库出口坝前	北碚区
6	同心水库	同心水库出口坝前	璧山区
7	金堂水库	金堂水库出口坝前	璧山区
8	三江水库	三江水库出口坝前	璧山区
9	盐井河水库	盐井河水库出口坝前	璧山区
10	羊耳坝水库	羊耳坝水库出口坝前	城口县
11	巴山水库	巴山水库出口坝前	城口县
12	化龙水库	化龙水库出口坝前	大足区
13	上游水库	上游水库出口坝前	大足区
14	龙水湖	龙水湖出口坝前	大足区
15	双河水库	双河水库出口坝前	垫江县
16	石板水水库	石板水水库出口坝前	丰都县
17	弹子台水库	弹子台水库出口坝前	丰都县
18	蒋家沟水库	蒋家沟水库出口坝前	丰都县
19	青莲溪水库	青莲溪水库出口坝前	奉节县
20	渡口坝水库	渡口坝水库出口坝前	奉节县

续表

序号	河流（湖库）	断面	所属区县
21	天宝寺水库	天宝寺水库出口坝前	涪陵区
22	水磨滩水库	水磨滩水库出口坝前	涪陵区
23	卫东水库	卫东水库出口坝前	涪陵区
24	新桥水库	新桥水库出口坝前	涪陵区
25	桃子沟水库	桃子沟水库出口坝前	涪陵区
26	八一桥水库	八一桥水库出口坝前	涪陵区
27	双河水库	双合水库出口坝前	合川区
28	白鹤水库	白鹤水库出口坝前	合川区
29	渭沱电站水库	渭沱电站水库出口坝前	合川区
30	草街水库	草街水库出口坝前	合川区
31	清溪沟水库	清溪沟水库出口坝前	江津区
32	卧龙沟水库	卧龙沟水库出口坝前	江津区
33	鲤鱼塘水库	鲤鱼塘水库出口坝前	开州区
34	龙安水库	龙安水库出口坝前	开州区
35	三汇水库	三汇水库出口坝前	开州区
36	汉丰湖	水位调节坝水库出口坝前	开州区
37	盐井口水库	盐井口水库出口坝前	梁平区
38	竹丰水库	竹丰水库出口坝前	梁平区
39	蓼叶水库	蓼叶水库出口坝前	梁平区
40	迎龙湖水库	迎龙湖水库出口坝前	南岸区
41	鱼跳水库	鱼跳水库出口坝前	南川区
42	土溪水库	土溪水库出口坝前	南川区
43	肖家沟水库	肖家沟水库出口坝前	南川区
44	乌江彭水电站水库	乌江彭水水库出口坝前	彭水县
45	马岩洞水库	马岩洞水库出口坝前	彭水县
46	鱼拦咀水库	鱼拦咀水库出口坝前	綦江区
47	马颈子水库	马颈子水库出口坝前	綦江区
48	洞塘水库	洞塘水库出口坝前	黔江区
49	小南海水库	小南海水库出口坝前	黔江区
50	渔滩电站水库	渔滩电站水库出口坝前	黔江区
51	舟白电站水库	舟白电站水库出口坝前	黔江区
52	箱子岩电站水库	箱子岩电站水库出口坝前	黔江区

续表

序号	湖库	断面	所在区县
53	城北水库	城北水库出口坝前	黔江区
54	三奇寺水库	三奇寺水库出口坝前	荣昌区
55	黄桷滩水库	黄桷滩水库出口坝前	荣昌区
56	藤子沟水库	藤子沟水库出口坝前	石柱县
57	龙池坝水库	龙池坝水库出口坝前	石柱县
58	万胜坝水库	万胜坝水库出口坝前	石柱县
59	老鸹石水库	老鸹石水库出口坝前	石柱县
60	玄天湖水库	玄天湖水库出口坝前	铜梁区
61	青云水库	青云水库出口坝前	潼南区
62	青山湖	青山湖出口坝前	万盛经开区
63	汤加沟水库	汤加沟水库出口坝前	万盛经开区
64	甘宁水库	甘陵水库出口坝前	万州区
65	鱼背山水库	鱼背山水库出口坝前	万州区
66	新田水库	新田水库出口坝前	万州区
67	登丰水库	登丰水库出口坝前	万州区
68	三角凼水库	三角凼水库出口坝前	万州区
69	大滩口水库	大滩口水库出口坝前	万州区
70	向家嘴水库	向家嘴水库出口坝前	万州区
71	中咀坡水库	中咀坡水库出口坝前	巫山县
72	中梁水库	中梁水库出口坝前	巫溪县
73	刘家沟水库	刘家沟水库出口坝前	巫溪县
74	孔梁水库	孔梁水库出口坝前	巫溪县
75	山虎关水库	山虎关水库出口坝前	武隆区
76	中心庙水库	中心庙水库出口坝前	武隆区
77	江口电站水库	江口电站水库出口坝前	武隆区
78	银盘水库	银盘水库出口坝前	武隆区
79	接龙水库	接龙水库出口坝前	武隆区
80	钟灵水库	钟灵水库出口坝前	秀山县
81	隘口水库	隘口水库出口坝前	秀山县
82	石堤水库	石堤水库出口坝前	秀山县
83	宋农水库	宋农水库出口坝前	秀山县
84	上游水库	上游水库出口坝前	永川区

序号	湖库	断面	所在区县
85	关门山水库	关门山水库出口坝前	永川区
86	孙家口水库	孙家口水库出口坝前	永川区
87	卫星湖水库	卫星湖水库出口坝前	永川区
88	小坝二级水库	小坝水库出口坝前	酉阳县
89	胜利水库	胜利水库出口坝前	酉阳县
90	龙潭水库	龙潭水库出口坝前	酉阳县
91	大河口水库	大河口水库出口坝前	酉阳县
92	梯子洞电站水库	梯子洞电站水库出口坝前	酉阳县
93	酉酬水库	酉酬水库出口坝前	酉阳县
94	金家坝水库	金家坝水库出口坝前	酉阳县
95	两岔水库	两岔水库出口坝前	渝北区
96	新桥水库	新桥水库出口坝前	渝北区
97	观音洞水库	观音洞水库出口坝前	渝北区
98	卫星水库	卫星水库出口坝前	渝北区
99	咸池水库	咸池水库出口坝前	云阳县
100	大洪湖	大洪湖出口坝前	长寿区
101	范家桥水库	范家桥水库出口坝前	长寿区
102	白石水库	白石水库出口坝前	忠县

表 11.4 地表水水质自动监测站点

序号	水站名称	河流(湖库)	属性	运维保障区县
1	江津大桥	长江	国控	江津区
2	丰收坝	长江	国控	大渡口区
3	和尚山	长江	国控	九龙坡区
4	寸滩	长江	国控	南岸区
5	清溪场	长江	国控	涪陵区
6	苏家	长江	国控	忠县
7	晒网坝	长江	国控	万州区
8	白帝城	长江	国控	奉节县
9	巫峡口	长江	国控	湖北省巴东县
10	北温泉	嘉陵江	国控	北碚区
11	玉滩水库	玉滩水库	国控	大足区
12	高洞电站	濑溪河	国控	荣昌区

续表

序号	水站名称	河流（湖库）	属性	运维保障区县
13	两河口	璧南河	国控	江津区
14	朱杨溪	临江河	国控	江津区
15	锣鹰	乌江	国控	武隆区
16	白马	乌江	国控	武隆区
17	红花村	阿蓬江	国控	酉阳县
18	官渡	渠江	国控	合川区
19	中和	琼江	国控	铜梁区
20	太和	涪江	国控	合川区
21	临渡	小安溪	国控	合川区
22	御临镇	御临河	国控	两江新区
23	北渡	綦江河	国控	綦江区
24	红岩	蒲河	国控	万盛经开区
25	寨溪大桥	蒲河	国控	綦江区
26	六剑滩	龙溪河	国控	长寿区
27	运输桥	龙溪河	国控	长寿区
28	鸭江镇	大溪河	国控	武隆区
29	联盟桥	任市河	国控	四川省开江县
30	高洞梁	汝溪河	国控	忠县
31	卫星桥	黄金河	国控	忠县
32	向家	磨刀溪	国控	万州区
33	高阳渡口	澎溪河	国控	云阳县
34	汤溪河江口	汤溪河	国控	云阳县
35	木瓜洞	渠溪河	国控	涪陵区
36	湖海场	龙河	国控	石柱县
37	水寨子	任河	国控	城口县
38	土堡寨	前河	国控	城口县
39	郁江桥	郁江	国控	彭水县
40	罗汉大桥	梅溪河	国控	奉节县
41	花台	大宁河	国控	巫山县
42	里耶镇	酉水	国控	湖南省湘西州
43	培石	长江	国控	巫山县
44	李渡	长江	国控	涪陵区

序号	水站名称	河流(湖库)	属性	运维保障区县
45	石门坎	綦江河	国控	綦江区
46	黎家乡崔家岩村	大洪湖	国控	长寿区
47	码头	渠江	国控	合川区
48	金子	嘉陵江	国控	合川区
49	朱沱	长江	国控	永川区
50	光辉	琼江	国控	潼南区
51	玉溪	涪江	国控	潼南区
52	江口镇	芙蓉江	国控	武隆区
53	万木	乌江	国控	酉阳县
54	狮子滩水库	龙溪河	市控	长寿区
55	碧桂园	桃花溪	市控	长寿区
56	安居	琼江	市控	铜梁区
57	双河口	小安溪	市控	铜梁区
58	段家塘	小安溪	市控	合川区
59	走马梁	花溪河	市控	巴南区
60	百节堤坎	一品河	市控	巴南区
61	黄岭桥	渠溪河	市控	丰都县
62	黑凼子	渠溪河	市控	丰都县
63	团堡	汝溪河	市控	忠县
64	双河口	黄金河	市控	忠县
65	化杠	磨刀溪	市控	石柱县
66	五洞	卧龙河	市控	垫江县
67	普顺	龙溪河	市控	垫江县
68	油溪	壁南河	市控	江津区
69	真武	綦江河	市控	江津区
70	茨坝	临江河	市控	江津区
71	大埂	清流河	市控	荣昌区
72	玉峡渡口	淮远河	市控	大足区
73	大溪	酉水河	市控	秀山县
74	力陡滩	大洪湖	市控	渝北区
75	黄印	御临河	市控	渝北区

序号	水站名称	河流(湖库)	属性	运维保障区县
76	龙兴	御临河	市控	渝北区
77	跃进桥	栋梁河	市控	江北区
78	金家河院子	栋梁河	市控	江北区
79	龙门滩	汇龙河	市控	永川区
80	漫水桥	太平河	市控	永川区
81	矮墩桥	九龙河	市控	璧山区
82	逍遥庄	壤渡河	市控	万州区
83	高梁	苎溪河	市控	万州区
84	石板滩	官渡河	市控	万州区
85	养鹿渡口	澎溪河	市控	云阳县
86	沙市镇	汤溪河	市控	云阳县
87	麻柳嘴	乌江	市控	涪陵区
88	斑竹	碧溪河	市控	涪陵区
89	增福	黎香溪	市控	涪陵区
90	温塘	蒲河	市控	綦江区
91	扶欢	扶欢河	市控	綦江区
92	双峡子沟	大宁河	市控	巫山县
93	向子村	梅溪河	市控	奉节县
94	平滩	璧北河	市控	北碚区
95	西西桥	梁滩河	市控	北碚区
96	堰塘坎	璧北河	市控	北碚区
97	龙凤河口	梁滩河	市控	北碚区
98	平桥镇	大溪河	市控	武隆区
99	童善桥	梁滩河	市控	高新区
100	两河	阿蓬江	市控	黔江区
101	神童镇	蒲河	市控	南川区
102	鹿角	乌江	市控	彭水县
103	大溪沟	嘉陵江	市控	渝中区
104	梁沱	嘉陵江	市控	江北区
105	扇沱	长江	市控	长寿区

表 11.5　三峡库区水华预警、现场巡查及应急监测位置

序号	河流	断面	断面位置	断面其他属性	所属区县
1	龙溪河	运输桥	非回水区	"十四五"国考	长寿区
2		磨刀溪	回水区	科研趋势	
3	桃花溪	李家湾	非回水区	科研趋势	
4		朱家湾	回水区		
5	赤溪河	高跳蹬	非回水区	市控考核	丰都县
6		溜沙坡	回水区		
7	龙河	安宁	非回水区	科研趋势、市控考核	
8		金竹滩	回水区		
9	草堂河	黄莲村	非回水区	科研趋势	
10		草堂大桥	回水区		
11	梅溪河	罗汉大桥	非回水区	"十四五"国考	奉节县
12		康乐镇下游	回水区		
13	朱衣河	朱衣镇	非回水区	科研趋势、市控考核	
14		清水社区	回水区		
15	碧溪河	百汇	非回水区	科研趋势、市控考核	
16		溪家阁	回水区		
17	黎香溪	两汇镇	非回水区	科研趋势	
18		大岩	回水区		
19	麻溪河	高桥	非回水区	科研趋势	涪陵区
20		大石溪铁路桥	回水区		
21	清溪河	斑竹林	非回水区	科研趋势	
22		拖板桥	回水区		
23	渠溪河	木瓜洞	非回水区	"十四五"国考	
24		渠溪河大桥	回水区		
25	瀼渡河	逍遥庄	非回水区	科研趋势	
26		壤渡大桥	回水区		
27	石桥河	老娃洞	非回水区	科研趋势	
28		河溪口	回水区		万州区
29	五桥河	庙坝	非回水区	科研趋势	
30		沱口养老院	回水区		
31	苎溪河	高梁	非回水区	科研趋势	
32		关塘口	回水区		

序号	河流	断面	断面位置	断面其他属性	所属区县
33	大溪河	鹤丰乡	非回水区	"十四五"国考、科研趋势	奉节县
34					
35	抱龙河	马子山	回水区		巫山县
36		十二洞电站	非回水区	科研趋势	
37		红岩河	回水区		
38	大宁河	花台	非回水区	"十四五"国考	
39		大昌	回水区		
40	三溪河	三溪电站	非回水区	科研趋势	
41		边域溪	回水区		
42	神女溪	净坛峰	非回水区	科研趋势	
		倒车坝	回水区		
43	御临河	御临镇	非回水区	"十四五"国考	渝北区
44		御临河江口	回水区		
45	澎溪河	木桥	非回水区	市控评价	开州区
46		养鹿渡口	回水区	"十四五"国考、长江经济带	云阳县
47	长滩河	黄荆沟	非回水区	"十四五"国考、长江经济带、科研趋势	
48		长滩桥	回水区		
49	磨刀溪	向家	非回水区	"十四五"国考	万州区
50		普安渡口	回水区		
51	汤溪河	汤溪河江口	非回水区	"十四五"国考	云阳县
52		汤溪河大桥	回水区		
53	东溪河	张家湾	非回水区	科研趋势	忠县
54		红旗桥	回水区		
55	黄金河	卫星桥	非回水区	"十四五"国考	
56		老龙滩大桥	回水区		
57	汝溪河	高洞梁	非回水区	"十四五"国考	
58		龙滩大桥	回水区		
59	玉溪河	长道河	非回水区	科研趋势	
60		老大桥	回水区		

续表

序号	河流	断面	断面位置	断面其他属性	所属区县
61	一品河	百节堤坎	非回水区	市控考核	巴南区
62	一品河	鱼胡桥	回水区		
63	花溪河	走马梁	非回水区	市控考核	
64	花溪河	石龙桥	回水区		
65	五步河	砖厂	非回水区	市控考核	
66	五步河	箭桥	回水区		
67	綦江河	真武	非回水区	市控考核	江津区
68	綦江河	支坪大桥	回水区	"十四五"国考	
69	乌江	锣鹰	非回水区	"十四五"国考	武隆区
70	乌江	白马	回水区	"十四五"国考	
71	嘉陵江	北温泉	非回水区	"十四五"国考	北碚区
72	嘉陵江	梁沱	回水区	"十四五"国考、长江经济带	江北区

 思考题

请根据提供的资料,回答以下问题:

(1) 河流与水库湖泊采样点的设置有哪些区别?

(2) 国控河流断面与其他断面采样点设置、采样频率和采样时间有何不同?

(3) 请简要回答地表水自动监测技术的要求。

(4) 监测方案的制定:根据给出的资料,任选一断面,查阅资料,制定某断面具体的水环境监测完整方案。

参 考 文 献

［1］ 奚旦立.环境监测［M］.5 版.北京:高等教育出版社,2018.

［2］ 国家环境保护总局《水和废水监测分析方法》编委会.水和废水监测分析方法［M］.4 版(增补版).北京:中国环境出版社,2002.

［3］ 国家环境保护总局《空气和废废气监测分析方法》编委会.空气和废气监测分析方法［M］.4 版(增补版).北京:中国环境出版社,2007.

［4］ 国家环境保护总局.地表水和污水监测技术规范:HJ/T 91—2002［S］.北京:中国环境出版社,2002.

［5］ 国家环境保护总局,国家质量监督检验检疫总局.地表水环境质量标准:GB 3838—2002［S］.北京:中国环境出版社,2002.

［6］ 生态环境部.地下水环境监测技术规范:HJ 164—2020［S］.北京:中国环境出版社,2020.

［7］ 生态环境部办公厅.地表水和地下水环境本底判定技术规定(暂行)［Z/OL］.(2019-12-04)［2023-09-25］.https://www.mee.gov.cn/xxgk2018/xxgk/xxgk06/201912/t20191216_749633.html.

［8］ 环境保护部办公厅.地表水环境质量评价办法(试行)［Z/OL］.(2011-03-09)［2023-09-25］.https://www.mee.gov.cn/gkml/hbb/bgt/201104/t20110401_208364.htm?collcc=2304170105&.

［9］ 国家环境保护总局.水污染物排放总量监测技术规范:HJ/T 92—2002［S］.北京:中国环境出版社,2002.

［10］ 湖南省人民政府.湖南省洞庭湖水环境综合治理规划实施方案(2018—2025)［Z/OL］.(2019-10-30)［2023-09-25］.http://www.hunan.gov.cn/topic/djssw/stwm/stwmzc/201911/t20191110_14137619.html.

［11］ 广西环境监测有限公司.污水处理厂工程项目竣工环境保护验收监测报告［EB/OL］.(2018-01-13)［2023-09-25］.https://www.docin.com/p—2071716287.html.

［12］ 国家环境保护总局.固定源废气监测技术规范:HJ/T 397—2007［S］.北京:中国环境出版社,2007.

［13］ 环境保护部,国家质量监督检验检疫总局.环境空气质量标准:GB 3095—2012［S］.北京:中国环境出版社,2012.

［14］ 国家环境保护总局.室内环境空气质量监测技术规范:HJ/T 167—2004［S］.北京:中国环境出版社,2004.

［15］ 中华人民共和国国家质量监督检验检疫总局,中国国家标准化管理委员会.生活垃圾卫生填埋场环境监测技术要求:GB/T 18772—2017［S］.北京:中国环境出版社,2017.

［16］ 环境保护部.恶臭污染环境监测技术规范:HJ 905—2017［S］.北京:中国环境出版社,2017.

［17］ 环境保护部,国家质量监督检验检疫总局.生活垃圾填埋场污染控制标准:GB 16889—2008［S］.北京:中国环境出版社,2008.

［18］ 江苏省农业科学研究院.江苏省农科院溧水植物科学基地土壤环境监测方案［EB/OL］.(2021-08-16)［2023-09-25］.https://wenku.baidu.com/view/be1e8a5ec6da50e2524de518964bcf84b9d52dd8?aggId=be1e8a5ec6da50e2524de518964bcf84b9d52dd8&fr=catalogMain_&wkts_=1695105680906&bdQuery=%E7%A7%8D%E6%A4%8D%E5%9F%BA%E5%9C%B0%E5%9C%9F%E5%A3%A4%E7%9B%91%E6%B5%8B%E6%96%B9%E6%A1%88.

［19］　国家环境保护总局.土壤环境监测技术规范：HJ/T 166—2004［S］.北京：中国环境出版社，2004.

［20］　生态环境部，国家市场监督管理总局.土壤环境质量农用地土壤污染风险管控标准（试行）：GB 15618—2018［S］.北京：中国环境出版社，2018.

［21］　中国环境监测总站噪声监测培训班.噪声监测实例［EB/OL］.（2011-06）［2023-09-25］.https://wenku. baidu.com/view/ee5c8e52f76527d3240c844769eae009581ba289?_wkts_=1695106446393&wkQuery=% E5%99%AA%E5%A3%B0%E7%9B%91%E6%B5%8B%E5%AE%9E%E4%BE%8B.

［22］　黄述芳，晏晓林，朱胜利等.城市轨道交通噪声监测方案［J］.都市快轨交通，2008，21（6）：27-30.

［23］　魏静.城市轨道交通（高架段）噪声监测中的问题探讨［J］.科技创新与应用，2017，15：1-4.

［24］　环境保护部，国家质量监督检验检疫总局.声环境质量标准：GB 3096—2008［S］.北京：中国环境出版社，2008.

［25］　环境保护部，国家质量监督检验检疫总局.工业企业厂界环境噪声排放标准：GB 12348—2008［S］. 北京：中国环境出版社，2008.

［26］　环境保护部.功能区声环境质量自动监测技术规范：HJ 906—2017［S］.北京：中国环境出版社，2017.

［27］　重庆市生态环境局.2020 年重庆市水环境质量监测方案［Z/OL］.（2019-12-30）［2023-09-25］. https://sthjj.cq.gov.cn/zwgk_249/zfxxgkml/zcwj/qtwj/202003/t20200327_6323100_wap.html.